LESSON 1

大きい数 ①

1 次の□にあてはまる数字を書きましょう。

❶ 2976124536085 73の一億(おく)の位(くらい)の数字は□，十兆(ちょう)の位の数字は□です。

❷ 5203000000000 0は１兆を□こ，１億を□こ合わせた数です。

2 １億を５こ，１千万を４こ，百万を７こ合わせた数を数字で書きましょう。

[　　　　　　　　]

3 次の数を数字で書きましょう。

二十五兆三千十七億二千万

[　　　　　　　　]

答えは71ページ ☞

LESSON 2

大きい数 ②

月　日

正かい 5こ中　こ　合かく 4こ

1 次の数を書きましょう。

❶ 20万を10倍した数

[　　　　]

❷ 5000万を100倍した数

[　　　　]

❸ 47兆(ちょう)を$\frac{1}{10}$にした数

[　　　　]

2 ある数を100倍した数は3億(おく)です。ある数はいくつですか。

[　　　　]

3 6つの数字 1, 3, 5, 7, 9, 0 を1回ずつ使って，いちばん大きい数をつくりましょう。

[　　　　]

答えは71ページ ☞

LESSON 3

大きい数 ③

月　日

正かい 3こ中 こ／合かく 2こ

1 鉄道の1年間の利用者数は，1985年は191億人でしたが，2019年にはそれより61億人ふえました。2019年の利用者数は何億人ですか。

[　　　　]

2 日本のゆ出がく（外国にものを売って得たお金）は，2019年は76兆9000億円で，2020年は68兆4000億円でした。ゆ出がくは1年で何兆何億円へりましたか。

[　　　　]

3 あるデパートの7月の売り上げは5億3000万円で，6月から1億5000万円ふえたそうです。6月の売り上げはいくらでしたか。

[　　　　]

答えは71ページ

LESSON 4

大きい数 ④

月　日

正かい 3こ中　こ　合かく 2こ

1 びんが 125 本入ったケースが 387 こあります。びんは全部で何本ありますか。

[　　　　　　]

2 ある工場の機械（きかい）は 1 回動かすと 512 この画びょうをつくります。今日は 407 回機械を動かしました。今日つくった画びょうは全部で何こですか。

[　　　　　　]

3 57 × 24 ＝ 1368 を使って，かけ算 5700 × 24000 の答えを求（もと）めましょう。

0の数に注意しよう。

[　　　　　　]

答えは71ページ ☞

LESSON 5

わり算の筆算 ①

月　日

正かい 4こ中　こ　合かく 3こ

1 60 このみかんを 3 つのかごに同じ数ずつ分けて入れます。1 つのかごにみかんは何こ入りますか。

[　　　　]

2 800 まいのチラシを 4 人で手分けして配ります。同じまい数ずつ配ることにすると，1 人何まい配ればよいですか。

[　　　　]

3 遠足で 320 人が 8 台のバスに乗ります。どのバスにも同じ人数ずつ乗るとき，1 台のバスに乗るのは何人ですか。

[　　　　]

4 300 本のバラの花を 6 本ずつ束(たば)ねて花束をつくります。花束は何束できますか。

[　　　　]

答えは71ページ ☞

LESSON 6

わり算の筆算 ②

月　日

正かい 4こ中　こ　合かく 3こ

1 76 本のえん筆を 1 人に 4 本ずつ分けると，何人に分けられますか。

[　　　　]

2 84 人を赤組，青組，白組の 3 つの組に同じ人数ずつ分けます。1 つの組の人数は何人ですか。

[　　　　]

3 60 L の油を 4 つのかんに等しく分けて入れます。1 つのかんに入る油は何 L ですか。

[　　　　]

4 75cm のリボンを切ってかざりをつくります。9cm ずつ切ると，9cm のリボンは何本できて，何 cm あまりますか。

[　　　　　　　　　　　　]

答えは71ページ ☞

LESSON 7

わり算の筆算 ③

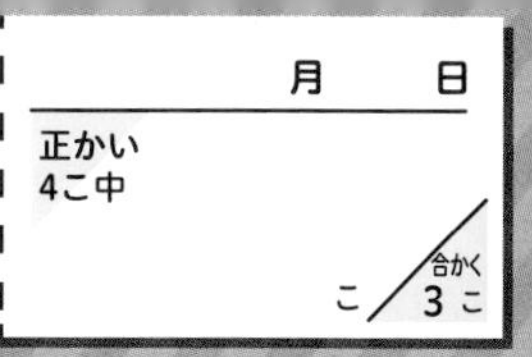

1 834 人を 3 つのグループに分けます。どのグループも同じ人数になるように分けると，1 つのグループの人数は何人ですか。

[　　　　]

2 627 円で半紙を買います。半紙 1 まいのねだんは 3 円です。半紙は何まい買えますか。

[　　　　]

3 玉入れで使う玉が 504 こあります。この玉を 7 つのかごに同じ数ずつ分けて入れます。1 つのかごに玉を何こ入れますか。

[　　　　]

4 5m のテープを 8cm の長さに切り分けます。8cm のテープは何本できて，何 cm あまりますか。

[　　　　　　　　]

答えは71ページ ☞

LESSON 8

わり算の筆算 ④

月　日

正かい 4こ中　こ　合かく 3こ

1 折(お)り紙が 80 まいあります。20 まいずつ束(たば)にすると，何束できますか。

[　　　　]

2 180 ページある本を毎日 30 ページずつ読みます。何日で読み終えますか。

[　　　　]

3 2400 円持っています。1 さつ 80 円のノートを何さつ買えますか。

[　　　　]

4 体育館にいすをならべます。いすは 748 きゃくあります。横の 1 列に 36 きゃくずつならべると，何列できて，何きゃくあまりますか。

[　　　　　　　　]

答えは71ページ ☞

LESSON 9

計算のきまり ①

月　日

正かい 3こ中　こ　合かく 2こ

1 270円のケーキと150円のクッキーを買います。500円はらうと，おつりは何円ですか。1つの式に表し，答えを求（もと）めましょう。

（式）

[　　　　]

2 1本72円のボールペンと1さつ128円のノートを組にして子どもに配ります。32人の子どもに配ると，費用（ひよう）は何円かかりますか。1つの式に表し，答えを求めましょう。

（式）

[　　　　]

3 500gのさとうを30gずつふくろにつめます。何ふくろかつめましたが，まださとうが80g残（のこ）っています。さとうをつめたふくろは何ふくろですか。1つの式に表し，答えを求めましょう。

（式）

[　　　　]

答えは71ページ

計算のきまり ②

月　日

正かい 4こ中　こ　合かく 3こ

1 右の●と○は全部で何こありますか。１つの式に表し，答えを求め(もと)ましょう。

(式)

[　　　　]

2 85円のノートと36円のえん筆と64円のけしゴムを買いました。代金は全部で何円ですか。

(式)

[　　　　]

3 ガラス玉が25こ入ったふくろが１つの箱に18ふくろ入っています。このような箱が4箱あるとき，ガラス玉は全部で何こありますか。

(式)

[　　　　]

4 色紙12まいの束(たば)が99束あります。色紙は全部で何まいありますか。

[　　　　]

答えは72ページ ☞

LESSON 11

まとめテスト ①

月　日

正かい 5こ中　こ　合かく 4こ

1 次の数を漢字を使って書きましょう。

3040100600000

[　　　　　　　　]

2 307億(おく)を $\frac{1}{100}$ にした数を書きましょう。

[　　　　　　　　]

3 ある高速道路をつくるのに昨年(さくねん)は6800億円，今年は7500億円かかりました。2年間で合わせて何円かかりましたか。

[　　　　　　　　]

4 学校で1こ265円のボールを208こ買います。代金は全部で何円ですか。

[　　　　　　　　]

5 19×42＝798の結果(けっか)を使って，かけ算190万×420の答えを求(もと)めましょう。

[　　　　　　　　]

答えは72ページ

LESSON 12

まとめテスト ②

月　日

正かい 4こ中　こ　合かく 3こ

1 50ページの漢字練習帳を毎日8ページずつすると，何日で終えることができますか。

[　　　　]

2 牧場(まきば)にほし草が300kgあり，エサに毎日25kgずつ使います。ほし草は何日でなくなりますか。

[　　　　]

3 250さつの本をたなにならべます。1だんに35さつずつ，6だんならべましたが，まだ本が残(のこ)っています。残った本は何さつですか。1つの式に表し，答えを求(もと)めましょう。

(式)

[　　　　]

4 遊園地の入園料(にゅうえんりょう)は子ども180円，大人320円です。子ども3人と大人3人の入園料は合わせて何円ですか。1つの式に表し，答えを求めましょう。

(式)

[　　　　]

答えは72ページ ☞

LESSON 13

角の大きさ ①

月　日

正かい 4こ中　こ／合かく 3こ

1 次の□にあてはまる角度や数を書きましょう。

❶ 直角は［　　］です。

❷ 半回転した角の大きさは［　］直角，１回転した角の大きさは［　］直角です。

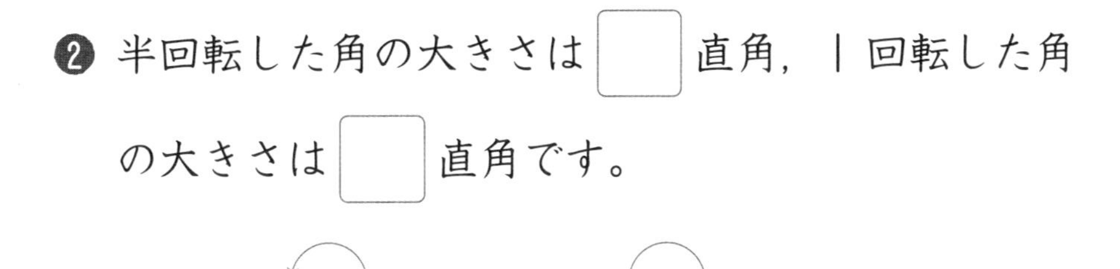

❸ 半回転した角の大きさは［　　］で，１回転した角の大きさは［　　］です。

2 次の角の大きさは何直角ですか。また何度ですか。

［　　　　　］［　　　　　］

LESSON 14

角の大きさ ②

1 角の大きさを分度器（ぶんどき）を使ってはかります。分度器を正しく使っているものをア〜ウから選（えら）びましょう。

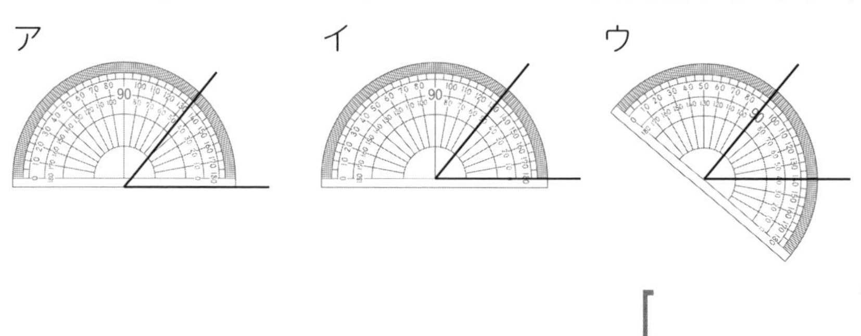

[ ]

2 次の角の大きさを分度器を使ってはかりましょう。

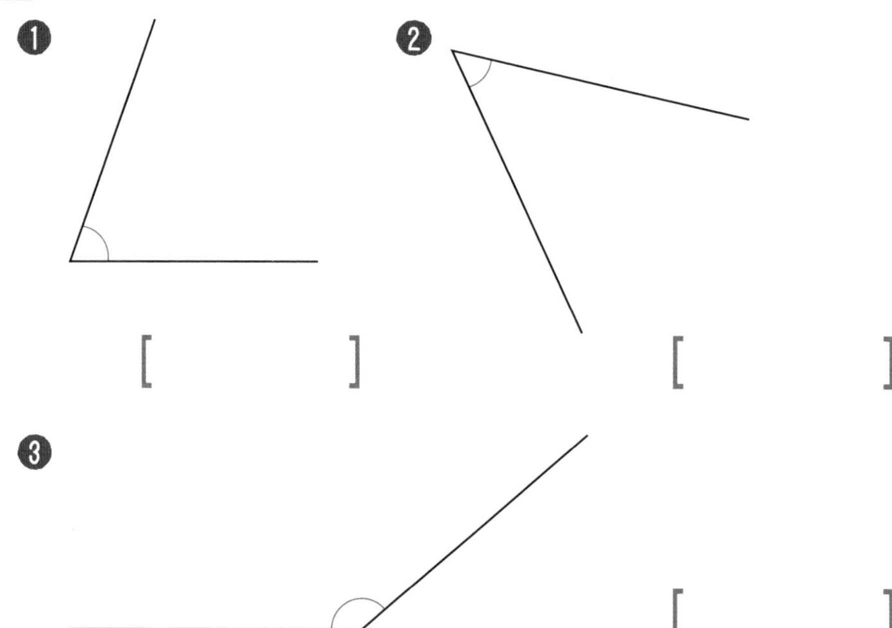

❶ [ ]

❷ [ ]

❸ [ ]

答えは72ページ ☞

LESSON 15

角の大きさ ③

月　日

正かい 5こ中　こ　合かく 4こ

1 次の角の大きさを計算で求(もと)めましょう。

❶

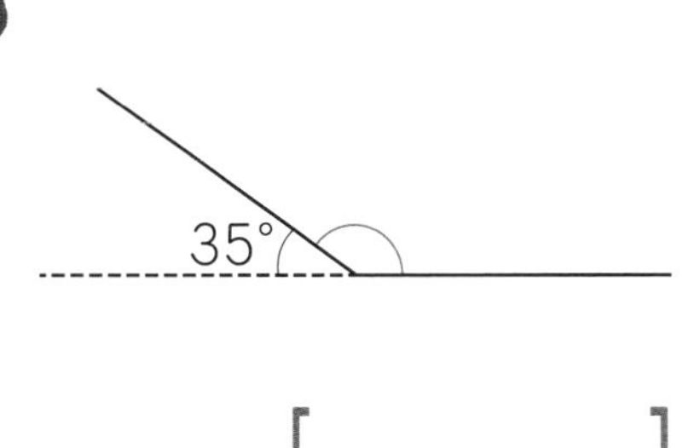

[　　　　]

❷

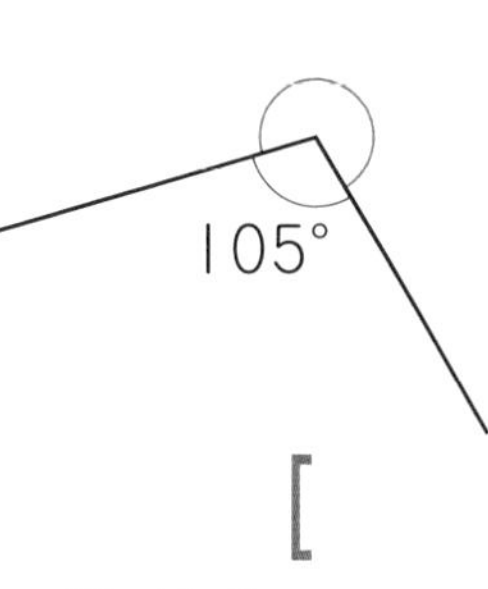

[　　　　]

2 下の線を使って，じょうぎと分度器(ぶんどき)で次の大きさの角をかきましょう。

❶ 70°

❷ 125°

3 じょうぎと分度器で下の図のような三角形をかきましょう。

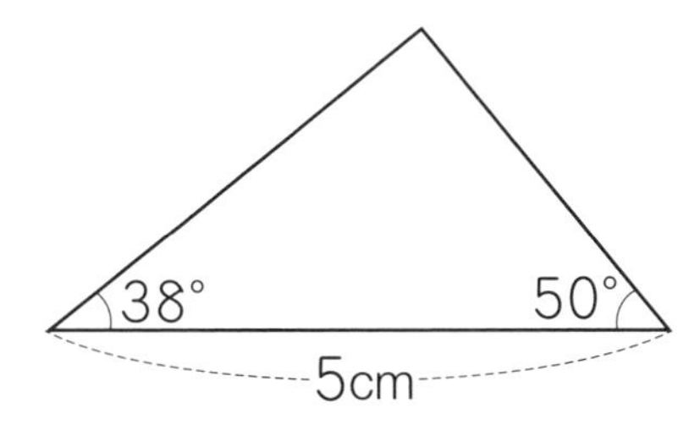

答えは72ページ ☞

LESSON 16

角の大きさ ④

月　日
正かい 10こ中　こ／合かく 8こ

1 次の角の大きさを分度器と計算で求めましょう。

❶

❷

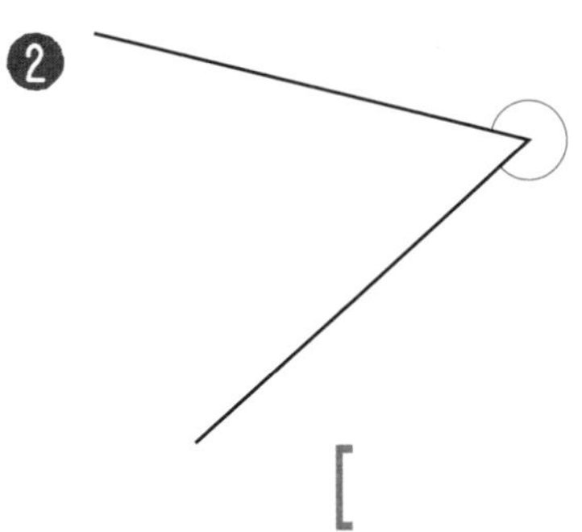

[　　　　] [　　　　]

2 次の三角じょうぎのあ～えの角の大きさを答えましょう。

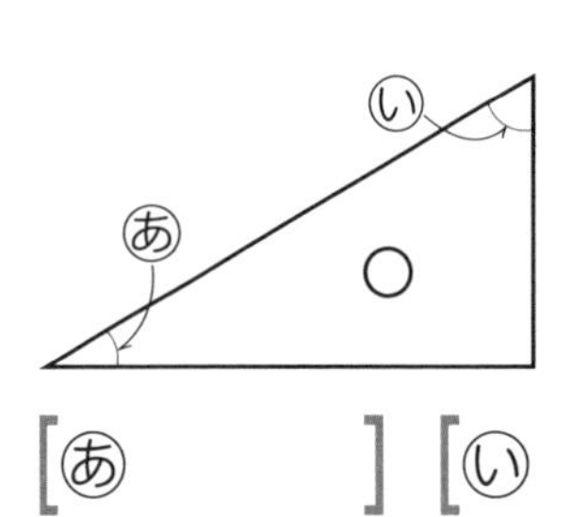

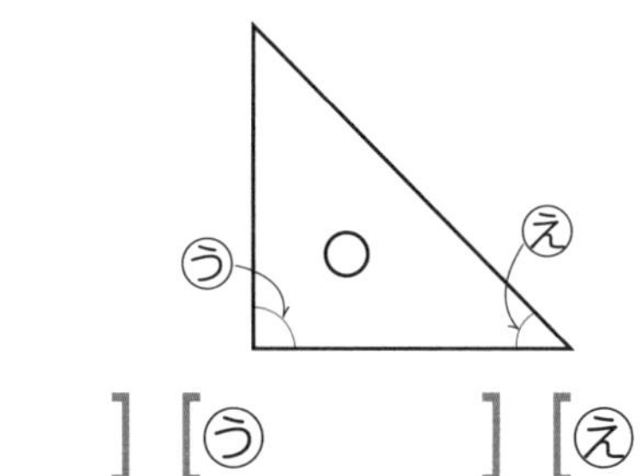

[あ　　　] [い　　　] [う　　　] [え　　　]

3 次のように１組の三角じょうぎを組み合わせました。あ～えの角の大きさを求めましょう。

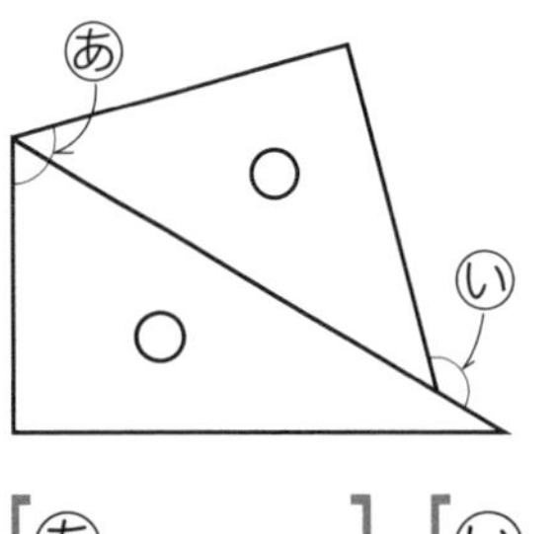

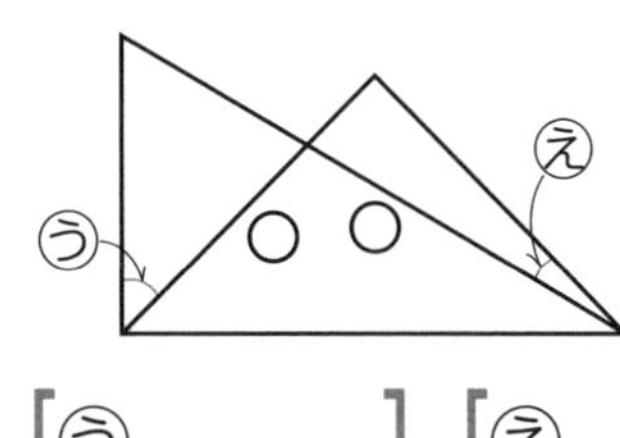

[あ　　　] [い　　　] [う　　　] [え　　　]

答えは73ページ ☞

LESSON 17

垂直(すいちょく)と平行 ①

月　日

正かい 9こ中　こ / 合かく 7こ

1 方がん紙に直線をひきました。問いにあうものを記号で答えましょう。

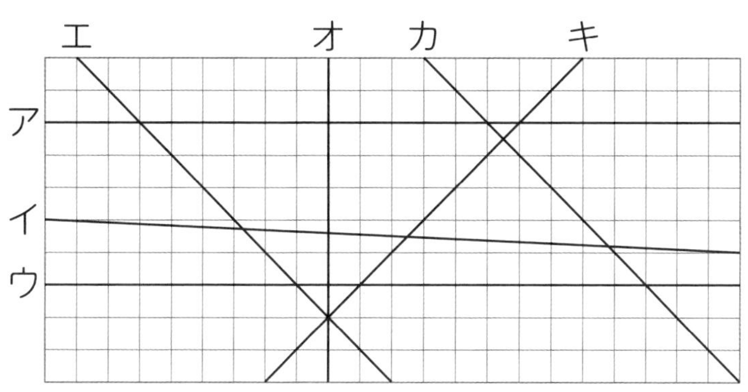

❶ 直線アに垂直な直線 [　　　]

❷ 直線ウに平行な直線 [　　　]

❸ 直線エに平行な直線 [　　　]

❹ 直線オに垂直な直線（全部） [　　　]

❺ 直線キに垂直な直線（全部） [　　　]

2 右の図の直線アと直線イは平行です。あ～えの角の大きさは何度ですか。

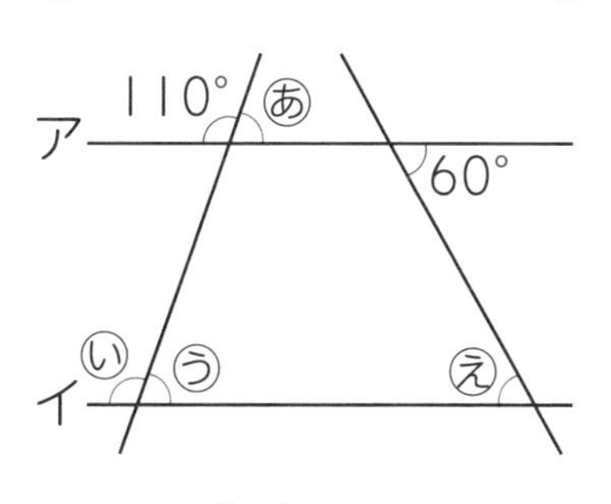

[あ　　　] [い　　　] [う　　　] [え　　　]

答えは73ページ

LESSON 18

垂直と平行 ②

月　日
正かい 4こ中　こ　合かく 3こ

1 点アを通り直線㋑に垂直な直線をひくとき，１組の三角じょうぎを正しく使っている方に○をつけましょう。

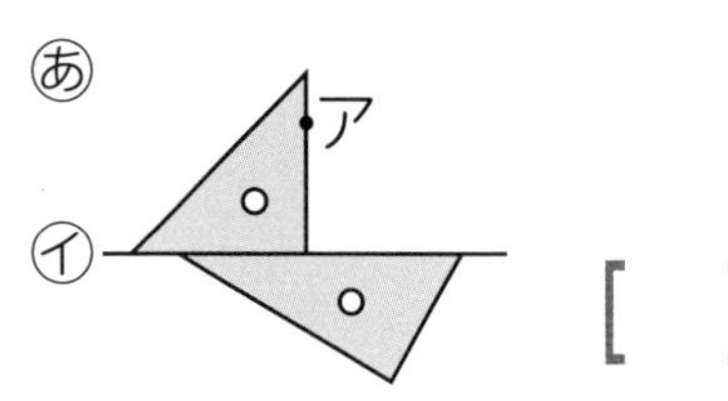

[　]

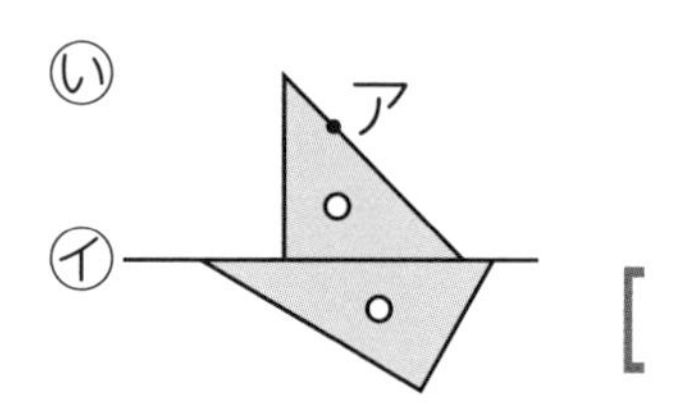

[　]

2 １組の三角じょうぎを使って，次の直線をかきましょう。

❶ 点アを通り直線㋑に垂直な直線

❷ 点アを通り直線㋑に平行な直線

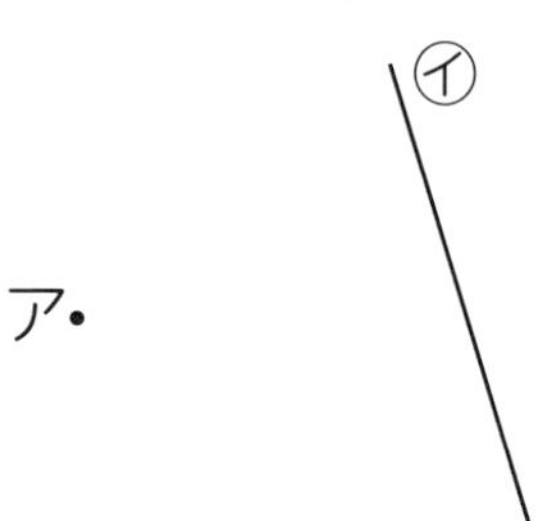

3 左の図の四角形と同じ四角形を１組の三角じょうぎを使って，右の図にかきましょう。

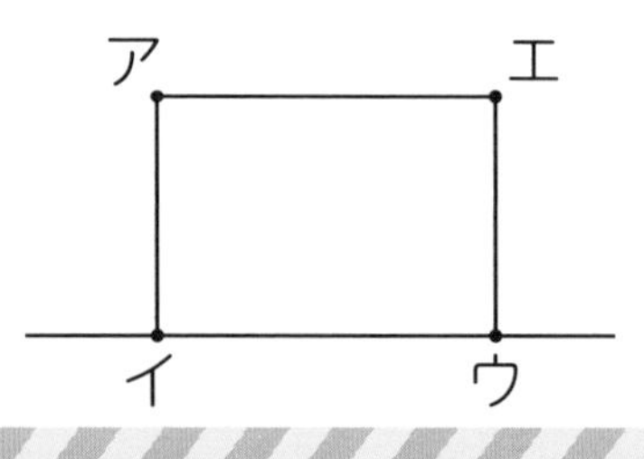

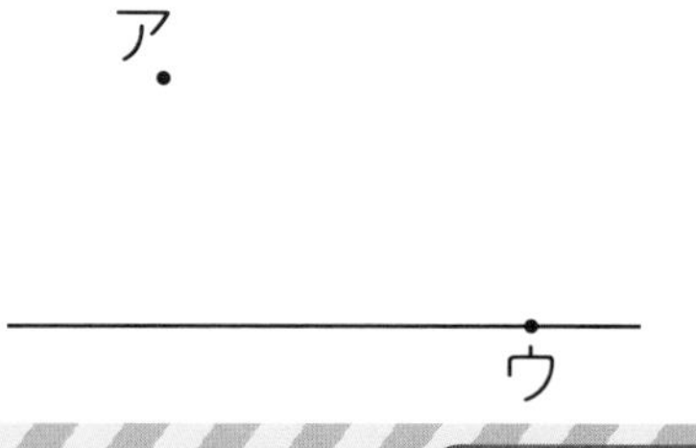

LESSON 19

四角形 ①

月　日

正かい 5こ中　　こ　合かく 4こ

1 下の図の直線アとイは平行です。直線ウ，エを次のようにひくとき，4本の直線に囲(かこ)まれてできる四角形ABCDの名まえを書きましょう。

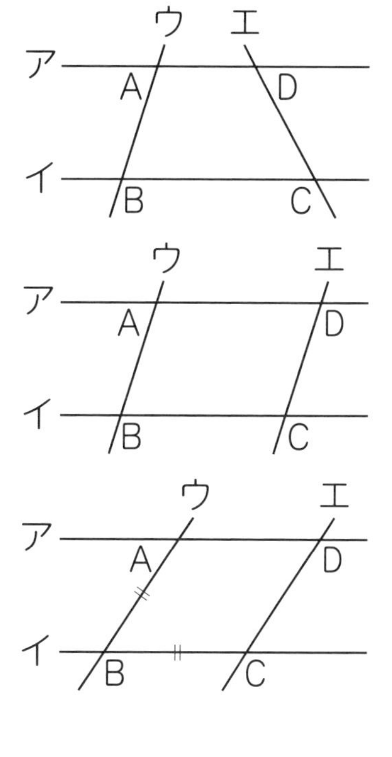

❶ 右の図のように直線ウとエをひきました。

[　　　　　　]

❷ 直線ウとエが平行になるようにひきました。

[　　　　　　]

❸ 直線ウとエが平行で，辺(へん)ABと辺BCの長さが等しくなるようにひきました。

[　　　　　　]

2 右の図の平行四辺形ABCDについて答えましょう。

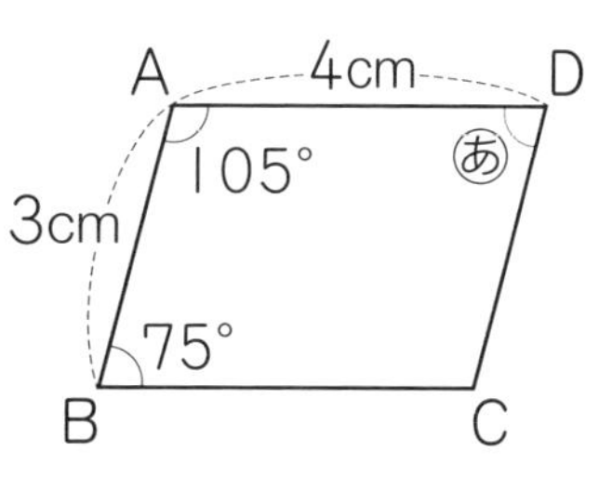

❶ 角あの大きさは何度ですか。

[　　　　]

❷ 辺CDの長さは何cmですか。

[　　　　]

答えは73ページ ☞

LESSON 20

四角形 ②

月　日

正かい5こ中　こ　合かく4こ

1 右の図のひし形ABCDについて答えましょう。

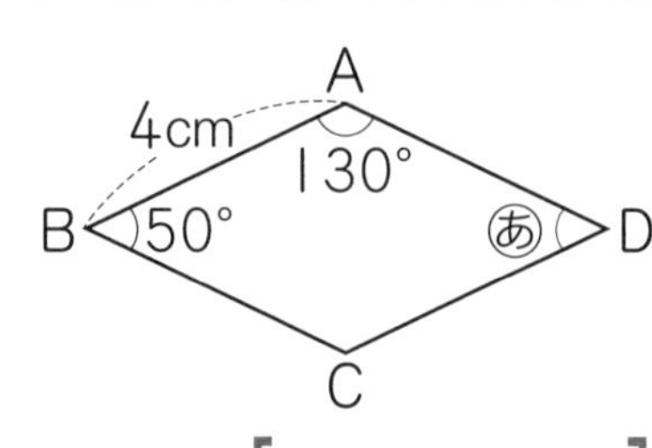

❶ 角㋐の大きさは何度ですか。　[　　　]

❷ 辺(へん)BCの長さは何cmですか。　[　　　]

❸ 辺BCと平行な辺はどの辺ですか。　[　　　]

2 じょうぎ，コンパス，分度器(ぶんどき)を使って，下の図のような平行四辺形をかきましょう。

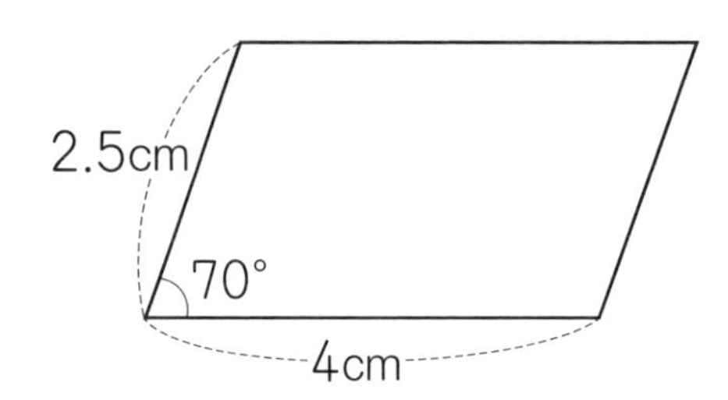

3 右の図の直線アとイは垂直(すいちょく)です。じょうぎとコンパスを使ってひし形ABCDを完成(かんせい)させましょう。

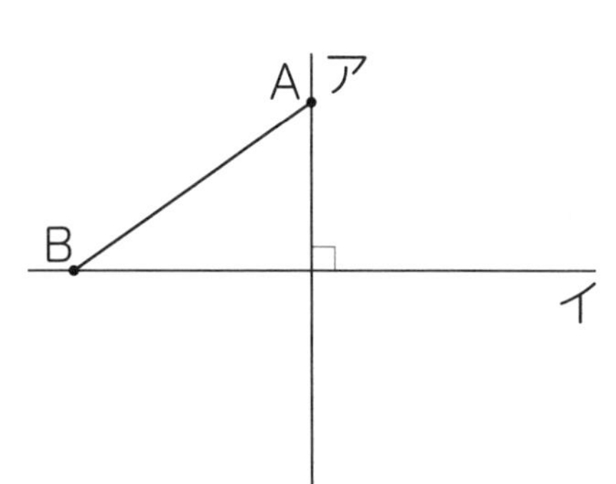

答えは73ページ

LESSON 21

四角形 ③

月　日

正かい 9こ中 こ

合かく 7こ

1 下の特(とく)ちょうにあてはまる四角形を次のア～オからすべて選(えら)んで，記号で答えましょう。

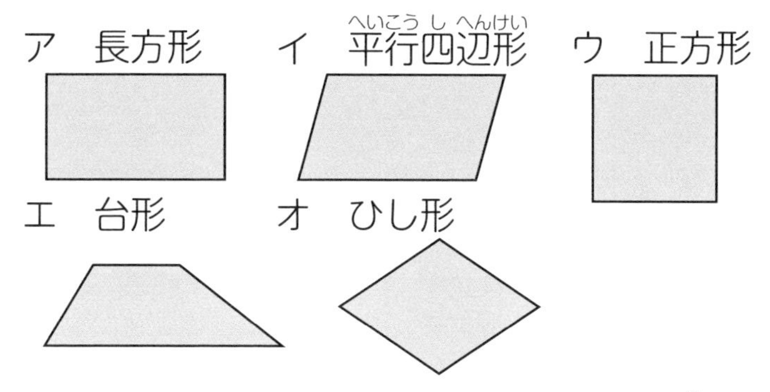

❶ 向かい合う辺が２組とも平行　[　　　]

❷ 向かい合う辺が１組だけ平行　[　　　]

❸ 等しい大きさの角が２組ある　[　　　]

❹ ４つの角がすべて直角　[　　　]

❺ 等しい長さの辺が２組ある　[　　　]

❻ ４つの辺の長さがすべて等しい　[　　　]

❼ ２本の対角線が垂直(すいちょく)に交わる　[　　　]

❽ ２本の対角線の長さが等しい　[　　　]

❾ ２本の対角線がそれぞれの真ん中の点で交わる

[　　　]

答えは74ページ

LESSON 22

四角形 ④

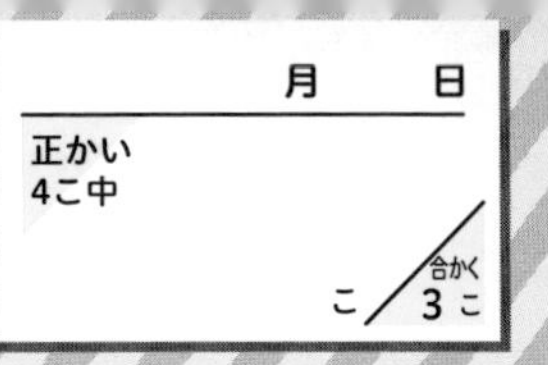

1 下の□にあてはまる三角形や四角形の名まえを次のア～オから選(えら)んで，記号で答えましょう。

ア　二等辺(にとうへん)三角形　イ　直角三角形
ウ　平行四辺形　エ　長方形　オ　ひし形

❶ 長方形を１本の対角線で２つに切ってできる形は□です。

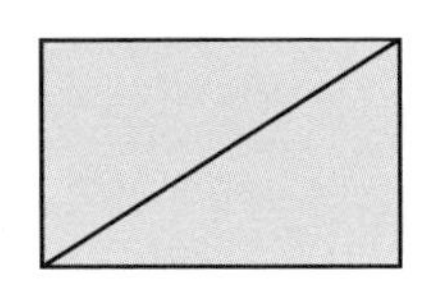

❷ ひし形を１本の対角線で２つに切ってできる形は□です。

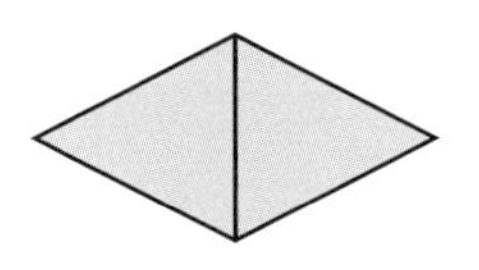

❸ 長方形を１本の対角線で切ってできた形を図のようにならべました。この形は□です。

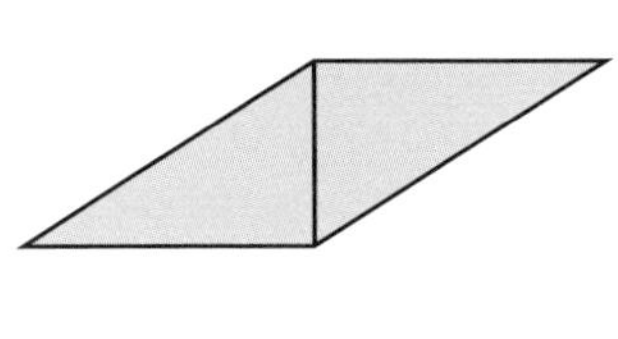

❹ 長方形を２本の対角線で４つに切りました。ⓐとⓘのいちばん長い辺を合わせてならべたときにできる形は□です。

答えは74ページ ☞

まとめテスト ③

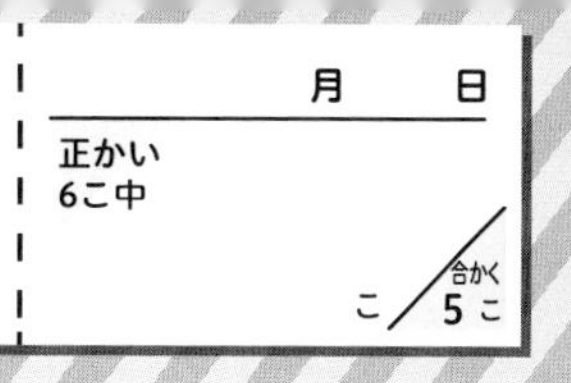

1 イを頂点(ちょうてん)にして，230°の大きさの角を，分度器(ぶんどき)を使ってかきましょう。

2 次の図のあ～えの角の大きさを求(もと)めましょう。

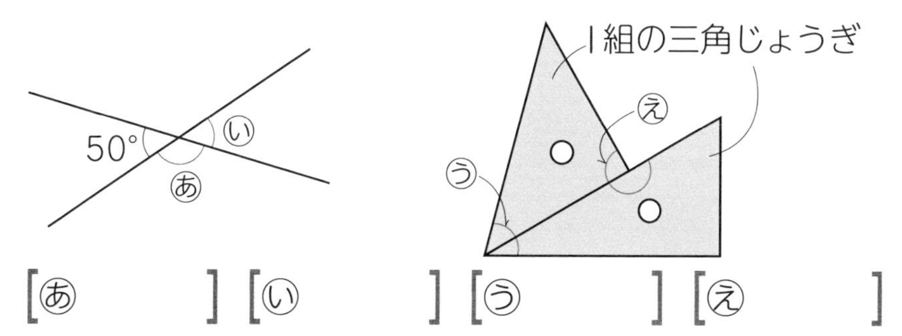

[あ　　] [い　　] [う　　] [え　　]

3 じょうぎと1組の三角じょうぎを使って下の図のような直角三角形をかきましょう。

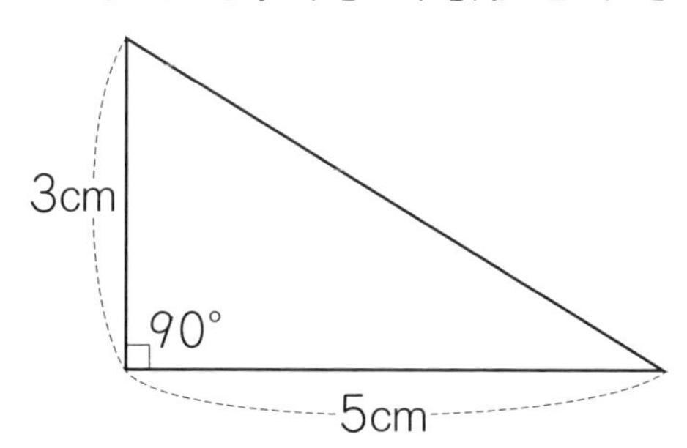

答えは74ページ

LESSON 24

まとめテスト ④

月　日

正かい 4こ中　こ／合かく 3こ

1 次の図で直線アと平行な直線を全部答えましょう。

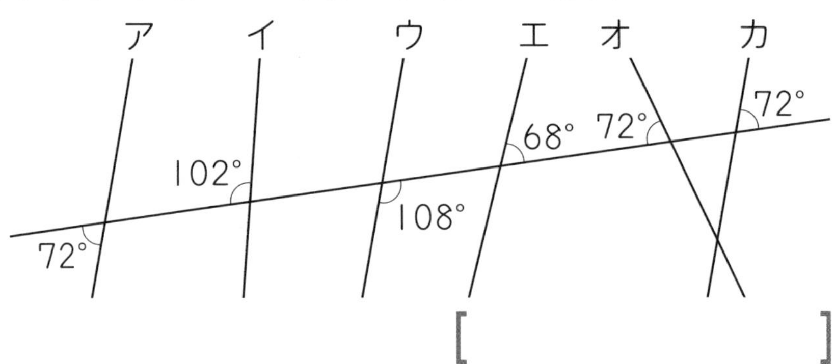

[　　　　　　　　]

2 次の□にあう図形の名まえを書きましょう。

❶ 1組の向かい合った辺（へん）が平行な四角形は □ です。

❷ 右の図のような2組の向かい合った辺が平行な四角形は □ です。

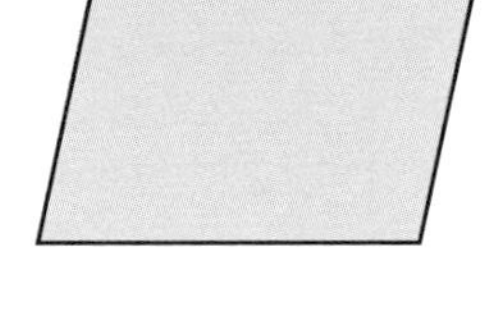

2組の向かい合った辺が平行な四角形は，ほかに □ と □ と □ があります。

❸ 右の図のような4つの辺の長さが等しい四角形は □ です。

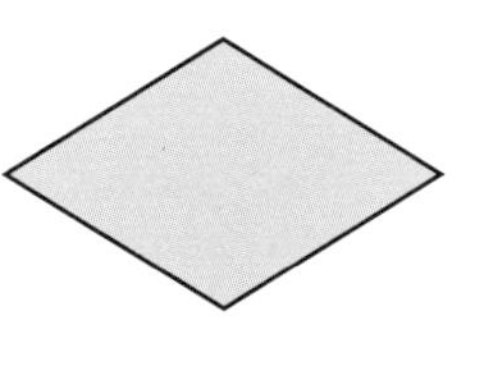

4つの辺の長さが等しい四角形は，ほかに □ があります。

答えは74ページ ☞

LESSON 25

折(お)れ線グラフ ①

月　日

正かい 5こ中　こ　合かく 4こ

1 ある日の１時間ごとの気温を調べ，折れ線グラフで表しました。

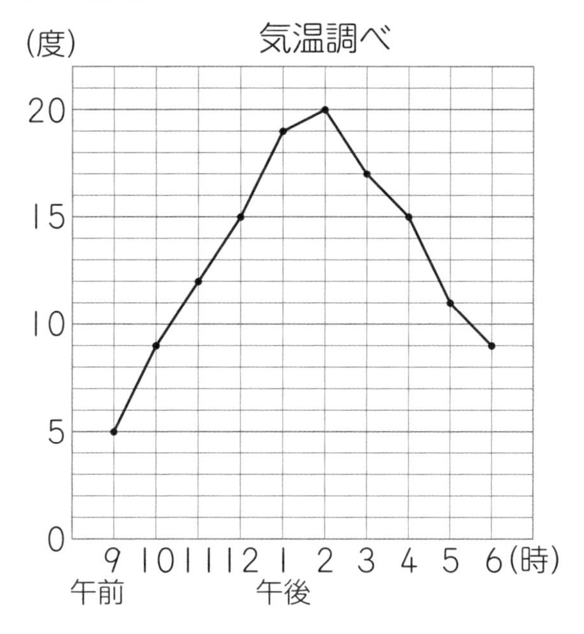

❶ 横のじくは何を表していますか。　[　　　　]

❷ たてのじくの１目もりは何度を表していますか。

[　　　　]

❸ 午前11時の気温は何度ですか。　[　　　　]

❹ 気温がいちばん高かったのは何時ですか。

[　　　　]

❺ 気温が９度だったのは何時と何時ですか。

[　　　　　　　　]

答えは74ページ ☞

LESSON 26

折れ線グラフ ②

1 ある町の月ごとの最高気温を調べ，表をつくりました。これを折れ線グラフに表します。

最高気温調べ

月	4	5	6	7	8	9	10
最高気温(度)	24	26	29	30	32	28	23

❶ 右の□に表題を書きましょう。

❷ 横のじくの□にあてはまる数を書きましょう。

❸ たてのじくの(□)に単位を書きましょう。

❹ たてのじくの□にあてはまる数を書きましょう。

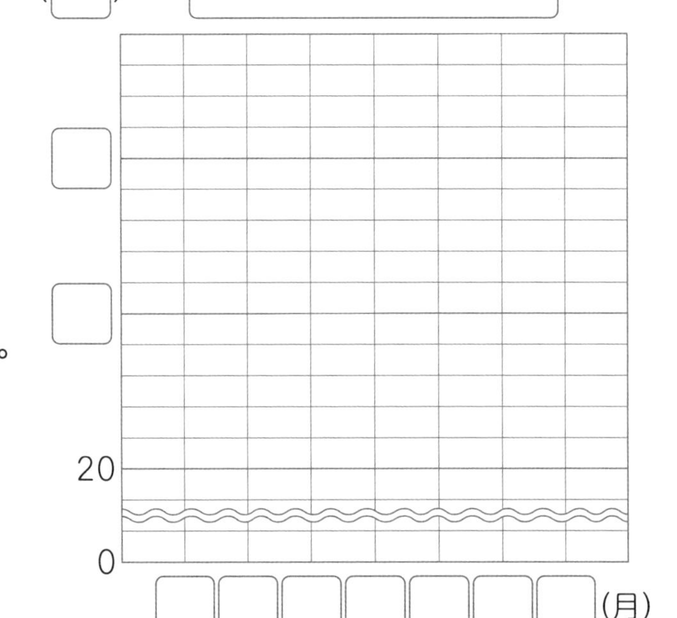

❺ 月ごとの最高気温の変わり方を表す折れ線グラフをかきましょう。

答えは74ページ

折れ線グラフ ③

月　日
正かい 3こ中　こ　合かく 2こ

1 次の㋐～㋒のうち，折れ線グラフで表すとよいものを選んで，記号で答えましょう。

㋐ 学年ごとの欠席した子どもの数

㋑ 日本の都市 10 か所の 12 時の気温

㋒ はるきさんが 2 時間ごとにはかった体温

[　　　　]

2 次の折れ線グラフは那覇と名古屋の月ごとの気温を表したものです。

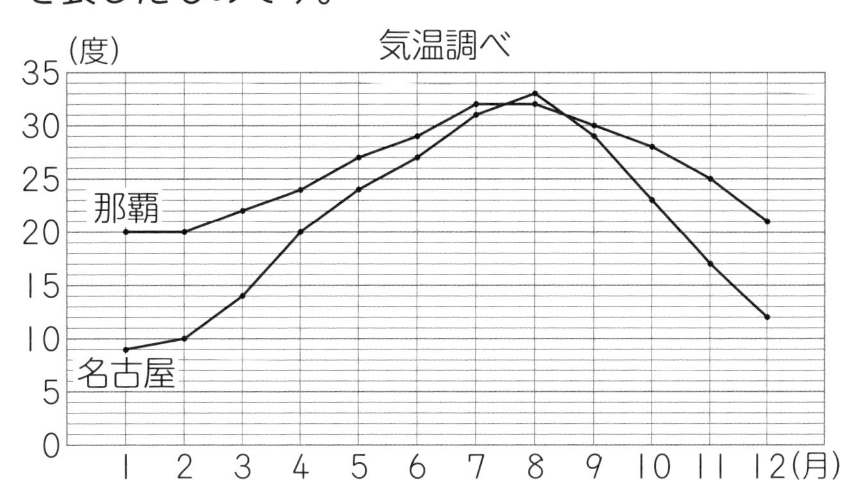

❶ 名古屋で，気温の上がり方がいちばん大きいのは何月と何月の間ですか。[　　　　]

❷ 2 月と 8 月の間で，気温の変わり方が大きいのは那覇と名古屋のどちらですか。[　　　　]

答えは74ページ

LESSON 28

整理のしかた ①

月　日

正かい 11こ中　こ　合かく 9こ

1 次の図形を色と形に目をつけて下の表に整理します。

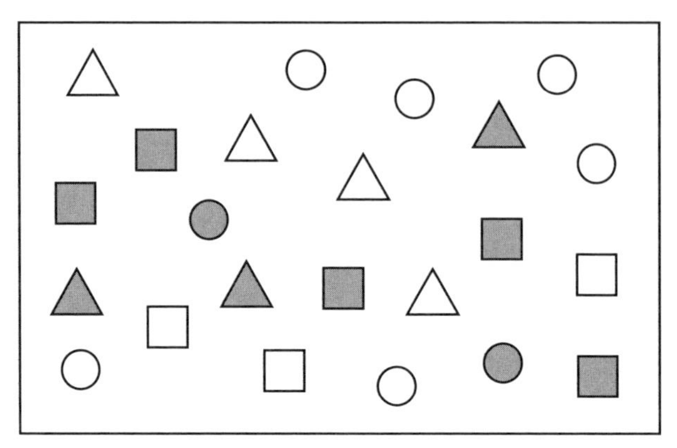

図形の色と形

形＼色	黒		白		合計(こ)
三角	下	3	㋒		㋗
四角	㋐		㋓		㋘
丸	㋑		㋔		㋙
合計(こ)	㋕		㋖		㋚

❶ 上の表のそれぞれのらんの左に「正」の字を書き，右に数を書きます。三角のらんにならって，表の㋐～㋔のらんに「正」の字と数を書き入れましょう。

❷ それぞれの合計のらん㋕～㋚にあう数を書き，表を完成(かんせい)させましょう。

答えは74ページ

LESSON 29

整理のしかた ②

月　日

正かい 5こ中　こ　合かく 4こ

1 クラス会で飲み物にジュースとお茶を，おかしにビスケットとせんべいを用意しました。１人ずつ飲み物を１つとおかしを１つ選び，その結果を表にしたものです。

飲み物とおかしの選び方

おかし＼飲み物	ジュース	お茶	合計(人)
ビスケット	11		15
せんべい	7		
合計(人)		14	

❶ 飲み物にジュースを選んだ人は何人ですか。

[　　　　]

❷ クラスの人数は全部で何人ですか。

[　　　　]

❸ おかしにせんべいを選んだ人は何人ですか。

[　　　　]

❹ 飲み物にお茶を選び，おかしにビスケットを選んだ人は何人ですか。

[　　　　]

❺ 表のあいているところにあう数を書きましょう。

答えは75ページ ☞

LESSON 30

変わり方 ①

月　日

正かい 4こ中　こ　合かく 3こ

1 1辺1cmの正方形を横につなげてならべます。

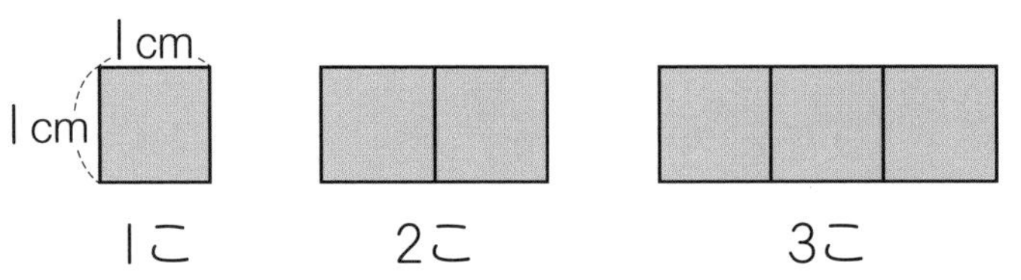

❶ 3こならべたとき，まわりの長さは何cmですか。

❷ 正方形の数が1こふえると，まわりの長さは何cmふえますか。

2 1辺1cmの正三角形を横につなげてならべます。

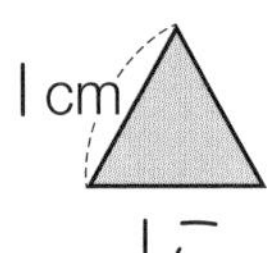

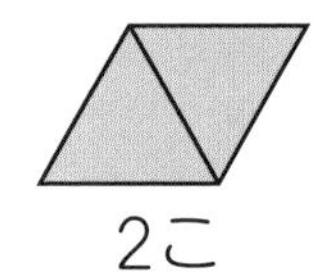

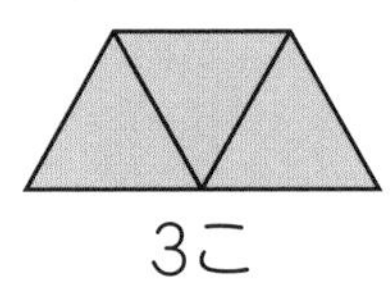

1こ　　2こ　　3こ

❶ 正三角形の数とまわりの長さを表にまとめましょう。

正三角形の数(こ)	1	2	3	4	5	6
まわりの長さ(cm)	3	4				

❷ 正三角形が○このときのまわりの長さを□cmとして，○と□の関係を式に表しましょう。

[　　　　　　　　]

答えは75ページ

変わり方 ②

月　日
正かい 5こ中 こ　合かく 4こ

1 1辺1cmの正方形を下の図のように1だん，2だん，…とならべます。

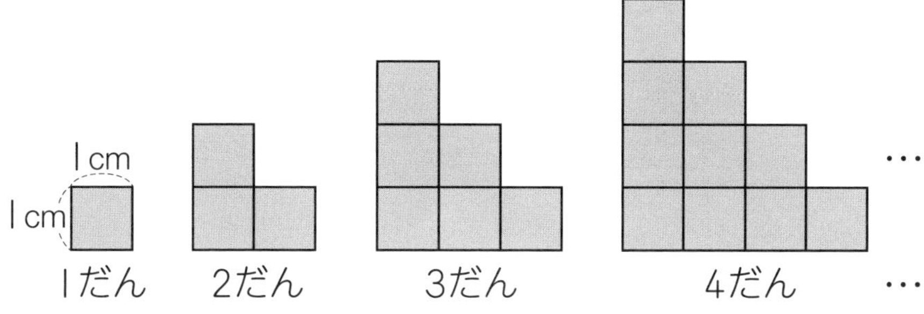

❶ 2だんのとき，まわりの長さは何cmですか。

[　　　　]

❷ 3だんのとき，まわりの長さは何cmですか。

[　　　　]

❸ だんの数が1つふえると，まわりの長さは何cmふえますか。

[　　　　]

❹ だんの数とまわりの長さを表にまとめましょう。

だんの数(だん)	1	2	3	4	5	6
まわりの長さ(cm)	4					

❺ だんの数が○だんのときのまわりの長さを□cmとして，○と□の関係を式に表しましょう。

[　　　　]

答えは75ページ

LESSON 32

変わり方 ③

月　日

正かい 4こ中　こ　合かく 3こ

1 水そうに水が入っています。この水そうにさらに水を入れていきます。水を入れた時間(分)と水そうの水の深さ(cm)を調べ，表にまとめました。

水を入れた時間(分)	1	2	3	4	5	6
水の深さ(cm)	5	6	7	8	9	10

❶ 水を入れた時間と水そうの水の深さの関係を折れ線グラフにかきましょう。

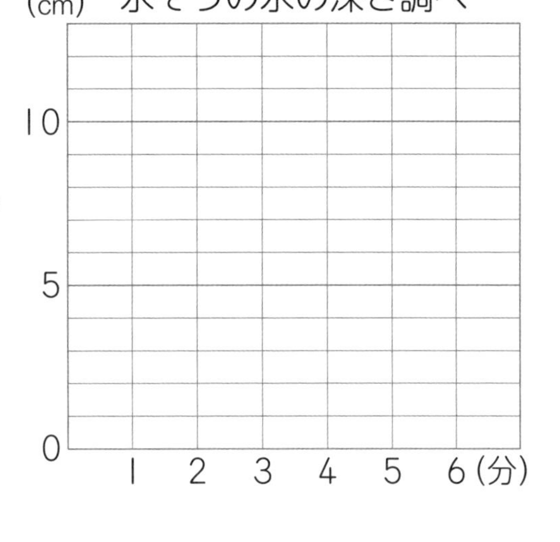

❷ 水を8分入れたときの水の深さは何cmですか。

[　　　　]

❸ はじめに水そうに入っていた水の深さは何cmでしたか。

[　　　　]

❹ 水そうに水を入れた時間を○分，そのときの水の深さを□cmとして，○と□の関係を式に表しましょう。

[　　　　]

答えは75ページ

LESSON 33

まとめテスト ⑤

月　日

正かい 5こ中　こ　合かく 4こ

1 次の図は折(お)れ線グラフの一部です。下の問いにあうものを選(えら)んで，記号で答えましょう。

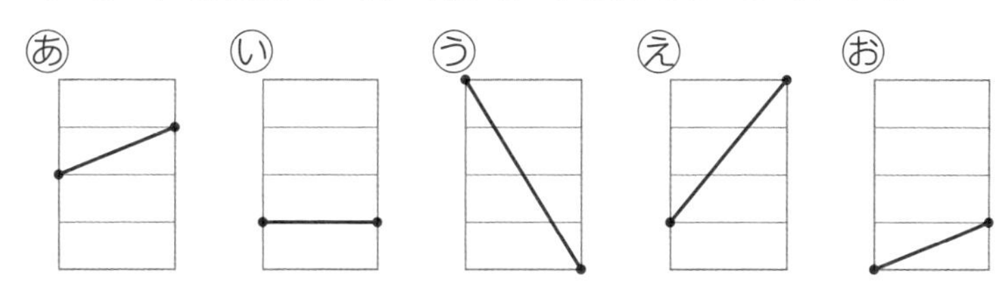

❶ ふえ方がいちばん大きいグラフ　[　　　]

❷ 変(か)わらないグラフ　[　　　]

❸ 変わり方が同じ２つのグラフ　[　　　]

2 ４年生でねこと犬を家でかっているか調べ，下のような表にまとめているところです。犬をかっている人は全部で20人，犬をかっていない人は全部で54人でした。

		犬		合計(人)
		かっている	かっていない	
ねこ	かっている		21	
	かっていない	17		
合計(人)				

❶ ねこと犬の両方をかっている人は何人ですか。

[　　　]

❷ 表のあいているところにあう数を書きましょう。

答えは75ページ

LESSON 34

まとめテスト ⑥

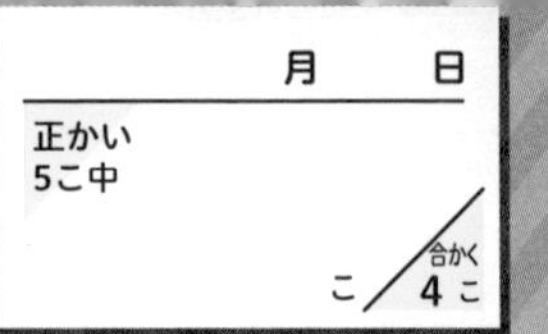

1 長さ20cmのはり金を使って長方形をつくります。

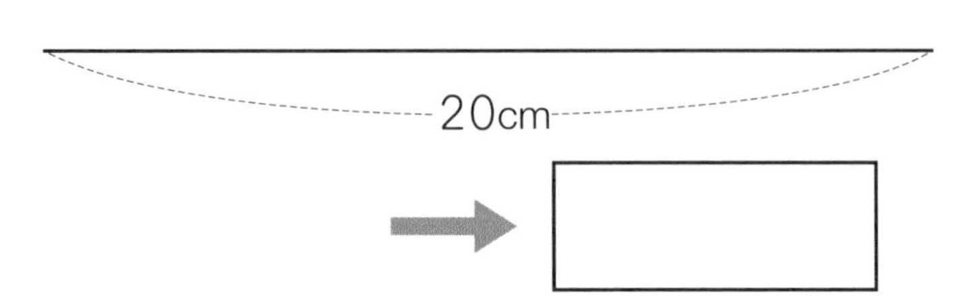

❶ たての長さを1cmにするとき，横の長さは何cmになりますか。 [　　　　]

❷ 横の長さを6cmにするとき，たての長さは何cmになりますか。 [　　　　]

❸ たての長さと横の長さを表にまとめましょう。

たての長さ(cm)	1	2	3	4	5	6	7	8	9
横の長さ(cm)									

❹ たての長さを1cm長くすると，横の長さはどのように変(か)わりますか。

[　　　　　　　　]

❺ 長方形のたての長さを○cm，横の長さを□cmとして，○と□の関係(かんけい)を式に表しましょう。

[　　　　　　]

LESSON 35

およその数 ①

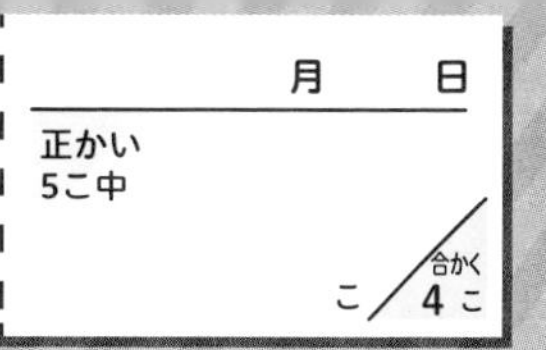

1 274908を四捨五入して，一万の位までと千の位までのがい数にしましょう。

一万の位まで [　　　　]
千の位まで [　　　　]

2 6843を上から1けたと上から2けたのがい数にしましょう。

上から1けた [　　　　]
上から2けた [　　　　]

3 次の□にあてはまる数を書きましょう。

❶ 四捨五入して百の位までのがい数にしたとき，7300になる整数のはんいは□以上□以下です。

❷ 四捨五入して上から2けたのがい数にしたとき，3800になる整数でいちばん小さい数は□です。

❸ 四捨五入して十の位までのがい数にしたとき，80になる数のはんいは□以上□未満です。

答えは76ページ

LESSON 36

およその数 ②

月　日

正かい3こ中　こ　合かく2こ

1 ある動物園の入園者数を調べました。

昨年	252913人
今年	317080人

❶ 昨年(さくねん)と今年を合わせた入園者数はおよそ何万人ですか。昨年と今年の入園者数をそれぞれ一万の位(くらい)のがい数にして求(もと)めましょう。

（式）

[　　　　　　　　]

❷ 今年の入園者数は昨年とくらべておよそ何万何千人ふえていますか。今年と昨年の入園者数をそれぞれ千の位のがい数にして求めましょう。

（式）

[　　　　　　　　]

2 1さつ67円のノートを325人の子どもに1さつずつ配ると，およそいくらかかりますか。ノートのねだんと子どもの人数をそれぞれ上から1けたのがい数にして求めましょう。

（式）

[　　　　　　　　]

答えは76ページ ☞

LESSON 37

小　数

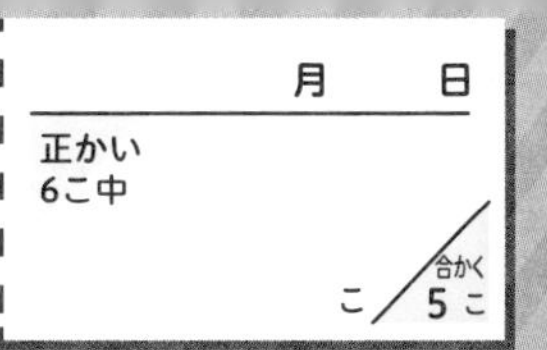

1 1を3こ, 0.1を7こ, 0.01を4こ合わせた数を書きましょう。

[　　　　]

2 6.48は0.01を何こ集めた数ですか。

[　　　　]

3 次の□にあてはまる不等号(ふとうごう)を書きましょう。

❶ 3.98 □ 3.981　　❷ 0.85 □ 0.805

4 4.25を10倍した数と100倍した数を書きましょう。

10倍した数 [　　　　]
100倍した数 [　　　　]

5 50.7を$\frac{1}{10}$にした数と$\frac{1}{100}$にした数を書きましょう。

$\frac{1}{10}$にした数 [　　　　]
$\frac{1}{100}$にした数 [　　　　]

答えは76ページ ☞

LESSON 38

小数のたし算・ひき算 ①

月　日

正かい 4こ中　こ　合かく 3こ

1 1.53kg のよう器(き)にさとうを 3.29kg 入れました。全体の重さは何 kg になりますか。

[　　　　]

2 12.78m の紙テープがあります。7.15m 使うと，残(のこ)りは何 m ですか。

[　　　　]

3 牛にゅうが 1.53L あります。0.78L 飲むと，残りは何 L ですか。

[　　　　]

4 木の高さは 14.79m で，ビルの高さは木より 2.85m 高いそうです。ビルの高さは何 m ですか。

[　　　　]

答えは76ページ

LESSON 39

小数のたし算・ひき算 ②

月　日

正かい 3こ中　こ

合かく 2こ

1 飛行機に乗るため，かばんと荷物の重さを合わせて10kg以下にします。かばんの重さは2.35kgです。かばんに何kgまでの荷物を入れることができますか。

[　　　　　]

2 駅からまことさんの家までの道のりは3.74kmです。駅から2.9kmバスに乗り，残りを歩きました。歩いた道のりは何kmですか。

[　　　　　]

3 車にガソリンが27.38L入っていました。ドライブに出かけて24.7L使ったので，帰りにガソリンスタンドで32.5Lガソリンを入れました。このとき車に入っているガソリンは何Lですか。

[　　　　　]

答えは76ページ ☞

LESSON 40

小数のかけ算

月　日

正かい 4こ中　こ　合かく 3こ

1 １こ 0.3kg のレンガ６この重さは全部で何 kg になりますか。

[　　　　　]

2 ケーキを１こつくるのに小麦粉(こむぎこ)を 0.38kg 使います。ケーキを７こつくると，小麦粉を何 kg 使いますか。

[　　　　　]

3 ゆうとさんは毎日 0.3L の牛にゅうを飲みます。14 日間で飲む牛にゅうは何 L ですか。

[　　　　　]

4 リボンを１人に 1.8m ずつ配ります。25 人に配るとき，リボンは何 m いりますか。

[　　　　　]

答えは76ページ ☞

LESSON 41

小数のわり算 ①

月　日

正かい 4こ中　こ　合かく 3こ

1 0.8L の水を 4 つのコップに等しく分けました。Ｉつのコップに入っている水は何 L ですか。

[　　　　]

2 黒板の横の長さは 5.6m で，つくえの横の長さの 8 倍です。つくえの横の長さは何 m ですか。

[　　　　]

3 3kg のねんどを同じ重さずつ 6 人に分けます。Ｉ人分の重さは何 kg ですか。

[　　　　]

4 8 本のビンに同じ量の油が入っています。この油をＩつの入れものに集めると，全部で 0.4L になりました。Ｉ本のビンに入っていた油は何 L でしたか。

[　　　　]

答えは76ページ ☞

LESSON 42

小数のわり算 ②

月　日

正かい 4こ中　こ　合かく 3こ

1 同じ本4さつの重さは7.6kgです。1さつの重さは何kgですか。

[　　　　]

2 長さ23.4mのロープを木にまきつけると，ちょうど6回まけました。この木のまわりの長さは何mですか。

[　　　　]

3 0.96kgのさとうを32人に等しく分けます。1人分のさとうは何kgになりますか。

[　　　　]

4 駅伝(えきでん)大会で51.8kmの道のりを14人の選手(せんしゅ)で順(じゅん)に走ります。どの選手も等しい道のりを走ると，1人が走る道のりは何kmになりますか。

[　　　　]

答えは76ページ ☞

LESSON 43

小数のわり算 ③

月　日

正かい 4こ中　こ　合かく 3こ

1 25.4m のリボンから 1 本 3m の長さのリボンは何本とれて，何 m あまりますか。

[　　　　　　　　　　]

2 かんジュース 4 本の重さが 1kg です。かんジュース 1 本の重さは何 kg ですか。

[　　　　　]

3 3.8L のジュースを 4 本のペットボトルに等しく分けて入れます。1 本のペットボトルに入るジュースは何 L ですか。

[　　　　　]

4 同じ重さのレンガが 8 こあり，全体の重さは 24.4kg です。レンガ 1 この重さは何 kg ですか。

[　　　　　]

答えは77ページ

LESSON 44

小数のわり算 ④

月　日

正かい 3こ中　こ　合かく 2こ

1 47.5kg の米を 6 つのふくろに等しく分けてつめます。ふくろ 1 つにつめる米はおよそ何 kg ですか。上から 2 けたのがい数で求(もと)めましょう。

[　　　　　　]

2 長さ 62cm の紙テープを等しい長さで 12 本に切ります。1 本の長さはおよそ何 cm ですか。上から 2 けたのがい数で求めましょう。

[　　　　　　]

3 イベントで昨日(きのう)と今日(きょう)の 2 日間アイスクリームを売りました。昨日は 80 こ，今日は 120 こ売れました。今日は昨日の何倍売れましたか。

[　　　　　　]

答えは77ページ ☞

LESSON 45

まとめテスト ⑦

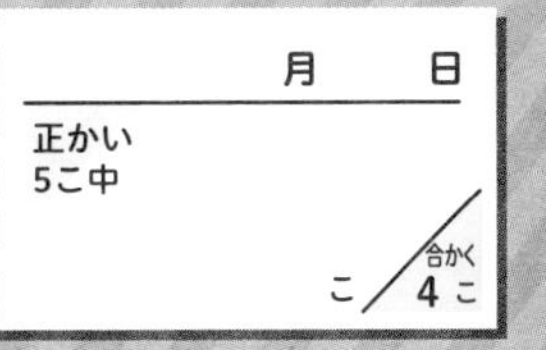

1 次の数を四捨五入(ししゃごにゅう)して，（　　）の位(くらい)までのがい数にしましょう。

❶ 56089（百の位）　❷ 2739（上から2けた）

[　　　　]　[　　　　]

2 四捨五入して千の位までのがい数で表すと30000になる整数のうち，いちばん大きい数を書きましょう。

[　　　　]

3 次の□にあてはまる数を書きましょう。

0.309は□を3こと□を9こ合わせた数です。

4 たまごを0.26kgの箱に入れて重さをはかると，全体の重さは2.18kgでした。たまごの重さは何kgですか。

[　　　　]

答えは77ページ ☞

LESSON 46

まとめテスト ⑧

月　日

正かい 4こ中　　こ　合かく 3こ

1 重さ 2.75kg の板を 6 まい使ってけいじ板をつくりました。けいじ板の重さは何 kg ですか。

[　　　　]

2 1.2L の油を 40 本のビンに同じ量ずつ分けて入れます。1 本のビンに入れる油は何 L ですか。

[　　　　]

3 25.7kg のチーズのかたまりがあります。このチーズから 3kg のチーズは何こできて，何 kg あまりますか。

[　　　　　　　　]

4 赤いテープの長さは 40cm，青いテープの長さは 50cm です。赤いテープの長さは青いテープの何倍ですか。

[　　　　]

答えは77ページ ☞

LESSON 47

分 数 ①

月　日

正かい 9こ中　こ／合かく 7こ

1 次の分数で，真分数(しんぶんすう)には「ア」，帯分数(たいぶんすう)には「イ」，仮分数(かぶんすう)には「ウ」の記号をつけましょう。

❶ $\frac{4}{3}$ [　　] ❷ $\frac{4}{7}$ [　　] ❸ $1\frac{5}{6}$ [　　]

2 次の数直線で，あ～えの目もりが表す分数を，真分数または帯分数で答えましょう。

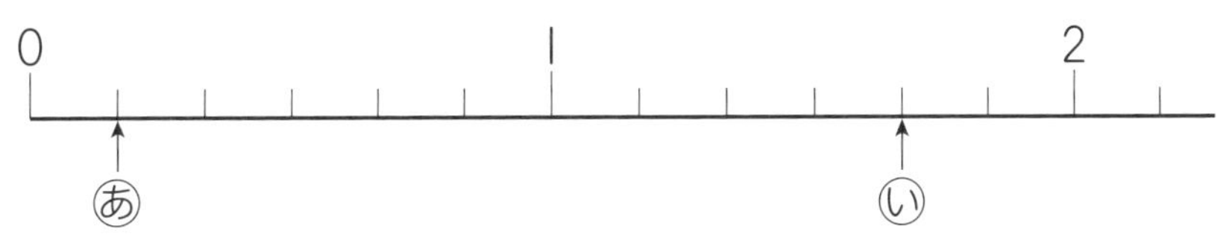

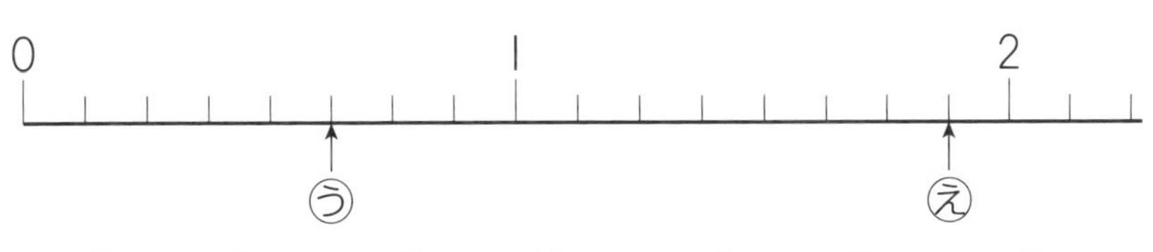

あ [　　] い [　　] う [　　] え [　　]

3 次の数直線で，ア，イの分数で表される目もりに，例(れい)にならって矢印(やじるし)(↑)をつけましょう。

(例) $\frac{1}{4}$　　ア $\frac{3}{5}$　　イ $1\frac{4}{5}$

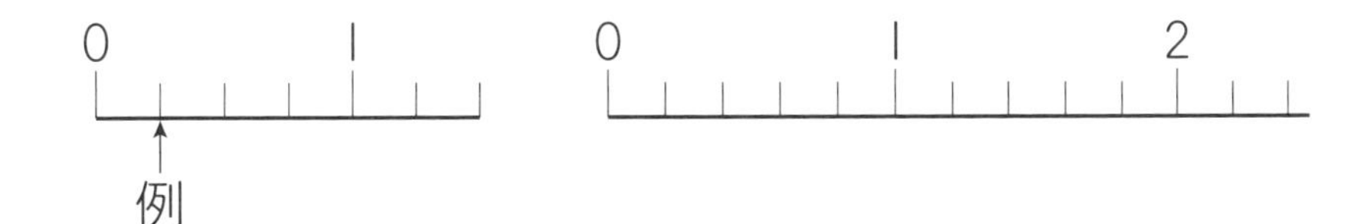

答えは77ページ ☞

LESSON 48

分　数 ②

月　日

正かい 9こ中　こ／合かく 7こ

1 次の分数で，仮分数(かぶんすう)は帯分数(たいぶんすう)か整数に，帯分数は仮分数になおしましょう。

❶ $\frac{4}{3}$ [　　] ❷ $2\frac{5}{6}$ [　　] ❸ $\frac{6}{2}$ [　　]

2 次の数直線の目もりで表される分数で，$\frac{1}{3}$に等しい分数を１つ，$\frac{2}{4}$に等しい分数を２つ書きましょう。

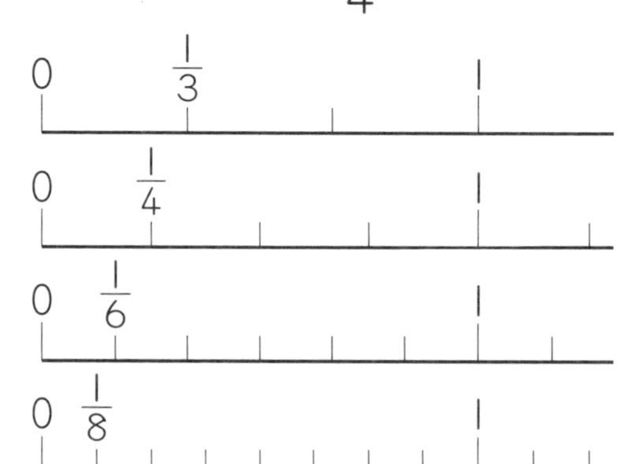

$\frac{1}{3}$に等しい分数

[　　]

$\frac{2}{4}$に等しい分数

[　　]

3 次の□にあてはまる不等号(ふとうごう)を書きましょう。

❶ $\frac{3}{7}$ □ $\frac{4}{7}$

❷ $2\frac{1}{3}$ □ $2\frac{1}{4}$

❸ $\frac{23}{5}$ □ 5

❹ $3\frac{3}{5}$ □ $\frac{15}{4}$

答えは77ページ

LESSON 49

分数のたし算・ひき算 ①

月　日

正かい 4こ中　こ　合かく 3こ

1 ジュースをさゆりさんは$\frac{2}{9}$L，かなさんは$\frac{3}{9}$L 飲みました。2人で何 L 飲みましたか。

[　　　　]

2 サッカーボールの重さは$\frac{6}{15}$kg で，バスケットボールの重さは$\frac{8}{15}$kg です。重さのちがいは何 kg ですか。

[　　　　]

3 $8\frac{4}{5}$m のリボンから $2\frac{1}{5}$m 切りとりました。残(のこ)ったリボンの長さは何 m ですか。

[　　　　]

4 公園の入口から花だんまで $7\frac{3}{8}$分歩き，花だんからふん水まで $2\frac{5}{8}$分歩きました。公園の入口からふん水まで歩いて何分かかりましたか。

[　　　　]

答えは77ページ

LESSON 50

分数のたし算・ひき算 ②

月　日

正かい 4こ中　こ　合かく 3こ

1 高さ $3\frac{5}{7}$m のさおの先に $\frac{4}{7}$m の旗(はた)を取りつけました。全体の高さは何 m になりますか。

[　　　　]

2 $1\frac{4}{9}$kg のかばんに衣類(いるい)を入れると，全体で $6\frac{2}{9}$kg になりました。衣類の重さは何 kg ですか。

[　　　　]

3 しょうゆが 6dL ありました。夕ごはんをつくるのにいくらか使いましたが，まだ $4\frac{3}{10}$dL 残(のこ)っています。使ったしょうゆは何 dL ですか。

[　　　　]

4 バケツに水が $7\frac{3}{8}$L 入っていました。$\frac{23}{8}$L くみ出したあとで $4\frac{5}{8}$L の水を入れるとバケツが水でいっぱいになりました。このバケツには何 L まで水が入りますか。

[　　　　]

答えは78ページ ☞

面積 ①

月　日

正かい 5こ中 　こ ／ 合かく 4こ

1 色をつけた部分の面積を答えましょう。

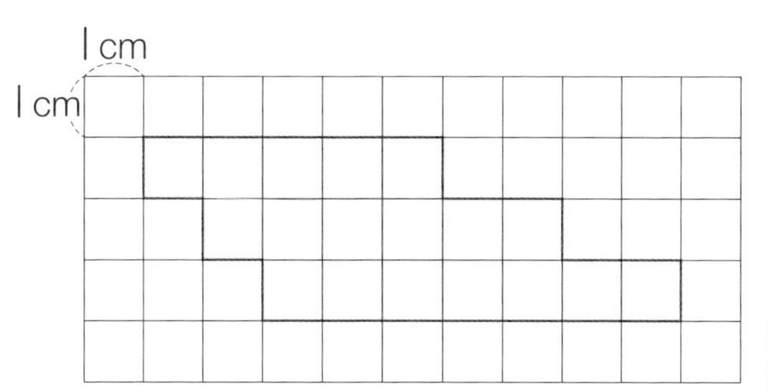

[　　　　　]

2 次の長方形と正方形の面積を求めましょう。

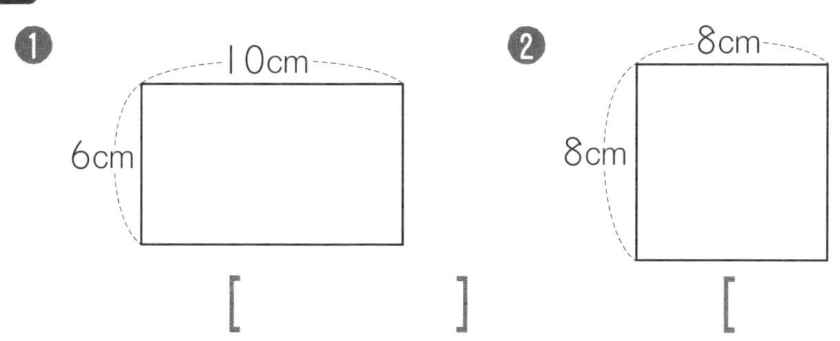

❶ [　　　　　]　❷ [　　　　　]

3 たてが 6cm で面積が 72cm^2 の長方形の横の長さを求めましょう。

[　　　　　]

4 まわりの長さが 36cm の正方形の面積を求めましょう。

[　　　　　]

答えは78ページ ☞

面積 ②

月　日

正かい 5こ中　こ／合かく 4こ

1 次の□にあてはまる数を書きましょう。

|辺が|mの正方形の面積は

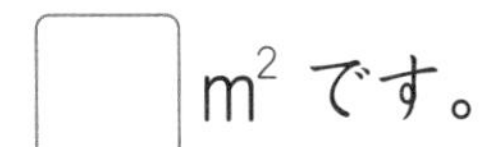

□ m^2 です。

|m = □ cmなので，

|辺が|mの正方形の面積を

cm^2 の単位で表すと □ cm^2 です。

よって，$1m^2$ = □ cm^2 です。

|m

|m

2 次の□にあてはまる数を書きましょう。

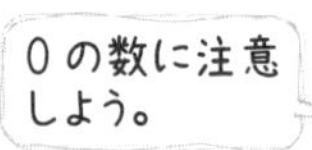

❶ $50000cm^2$ = □ m^2

❷ $20m^2$ = □ cm^2

3 たてが250cm，横が|20cmの長方形があります。

❶ この長方形の面積は何 cm^2 ですか。

[　　　　]

❷ この長方形の面積を m^2 の単位で表しましょう。

[　　　　]

答えは78ページ

面積 ③

1 次の図の色のついた部分の面積を求めましょう。

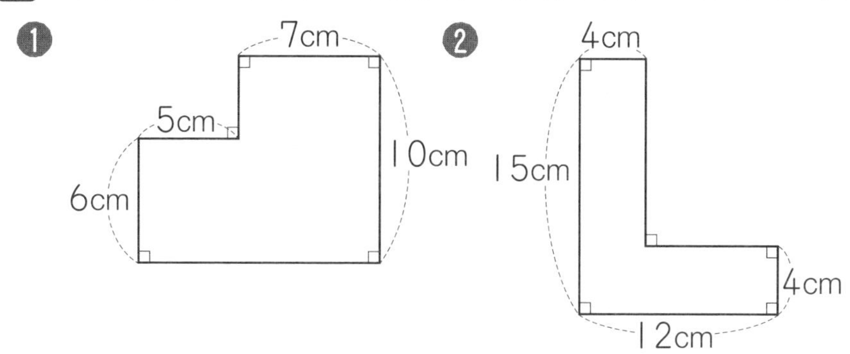

[ ]　[ ]

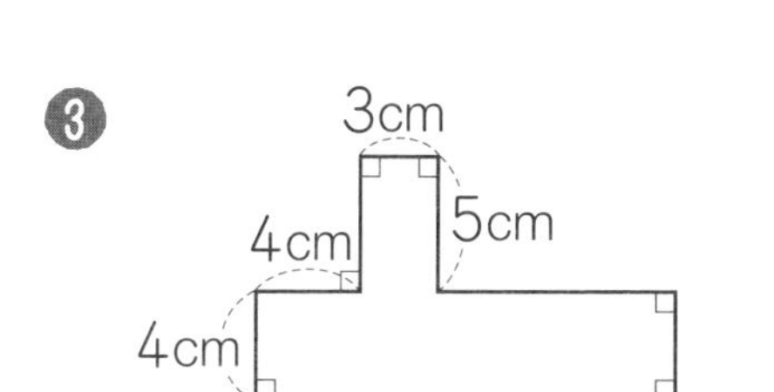

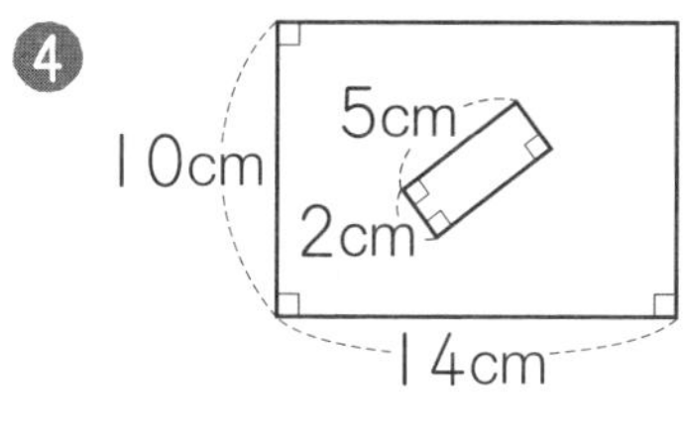

[ ]　[ ]

答えは78ページ

LESSON 54

面積④

月　日

正かい 9こ中　こ／合かく 7こ

1 次の□にあてはまる数や単位を書きましょう。

❶ 1辺10mの正方形の面積は□m^2です。

これと等しい面積を1□といいます。

❷ 1辺100mの正方形の面積は□m^2です。

これと等しい面積は1□です。

❸ 1辺1kmの正方形の面積は1□です。

2 次の□にあてはまる数を書きましょう。

❶ たて40m，横20mの長方形の面積は□aです。

❷ 1辺300mの正方形の面積は□haです。

3 次の面積を表しているものでもっともあてはまるものを下のあ～えから選んで，記号で答えましょう。

❶ 小学校の教室［　　］　❷ はがき［　　］

❸ 牧場［　　］　❹ 横浜市［　　］

㋐ 148cm^2　㋑ 437km^2　㋒ 65m^2　㋓ 24ha

答えは78ページ

LESSON 55 まとめテスト ⑨

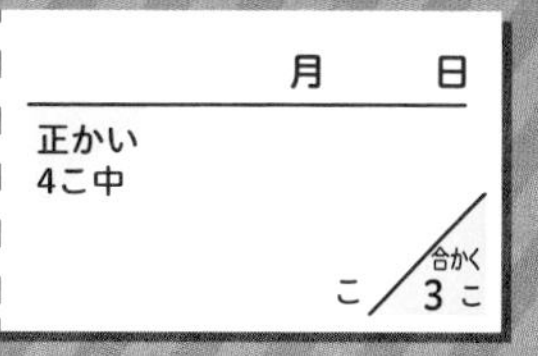

1 すいかが5つあり，それぞれの重さをはかりました。

㋐ $\frac{15}{7}$kg　㋑ $\frac{13}{8}$kg　㋒ $1\frac{5}{7}$kg　㋓ $2\frac{1}{8}$kg　㋔ $\frac{13}{7}$kg

❶ 2kgより重いすいかはいくつありますか。

[　　　　　]

❷ いちばん軽いすいかの記号を書きましょう。

[　　　　　]

2 東京(とうきょう)から大阪(おおさか)まで新幹線(しんかんせん)で行くと $2\frac{5}{9}$ 時間，バスで行くと $7\frac{4}{9}$ 時間かかります。かかる時間のちがいは何時間ですか。

[　　　　　]

3 $4\frac{7}{12}$ mの赤いテープと $2\frac{5}{12}$ mの白いテープがあります。つなぎ目ののりしろを $\frac{1}{12}$ mにして2本のテープをつなぎました。つないだテープ全体の長さは何mですか。

[　　　　　]

答えは78ページ ☞

まとめテスト ⑩

月　日

正かい 5こ中　こ　合かく 4こ

1 |辺12cmの正方形の面積を求めましょう。

[　　　　]

2 面積が48m^2で横の長さが6mの長方形のたての長さは何mですか。

[　　　　]

3 次の形の面積を(　　)の単位で求めましょう。

❶ (cm^2)　　❷ (ha)

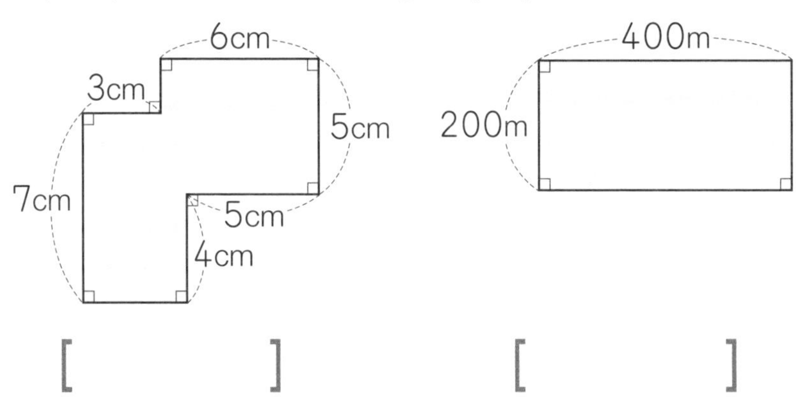

[　　　　]　　[　　　　]

4 たての長さが30mで面積が18aの長方形の横の長さは何mですか。

[　　　　]

答えは78ページ ☞

LESSON 57

直方体と立方体 ①

1 次の□にあてはまることばや数を書きましょう。

❶ 長方形だけや，長方形と［　　　］で囲(かこ)まれた箱の形を［　　　］といいます。

大きさはたて，［　］，［　　］の３つの辺(へん)の長さできまります。

❷ 正方形だけで囲まれた箱の形を［　　　］といいます。

大きさは［　］つの辺の長さできまります。

2 直方体と立方体について表にまとめました。㋐～㋕にあてはまる数を書きましょう。

	面の数	辺の数	頂点(ちょうてん)の数
直方体	㋐	㋑	㋒
立方体	㋓	㋔	㋕

3 右の直方体について，ア～ウの辺の長さを書きましょう。

ア［　　　　］
イ［　　　　］
ウ［　　　　］

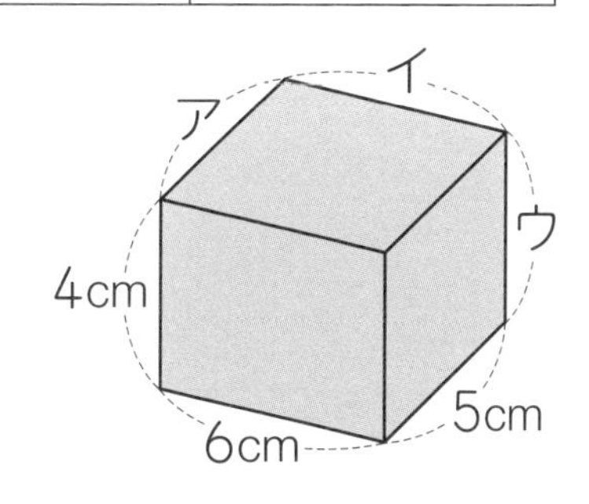

答えは78ページ

LESSON 58

直方体と立方体 ②

月　日

正かい 3こ中　こ　合かく 2こ

1 下の図の続(つづ)きをかいて，立方体や直方体の見取図を完成(かんせい)させましょう。

❶ 立方体

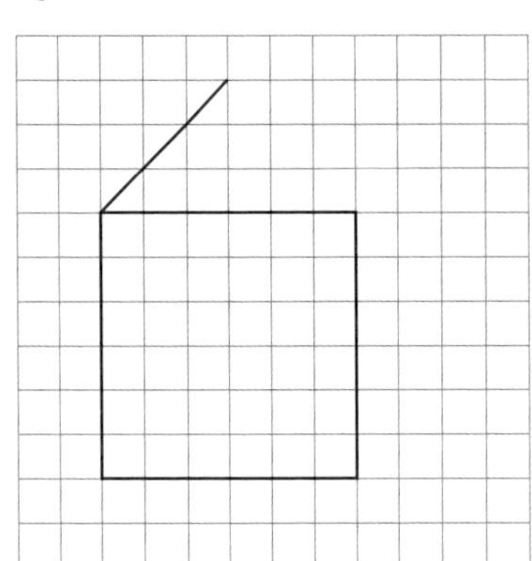

❷ 直方体

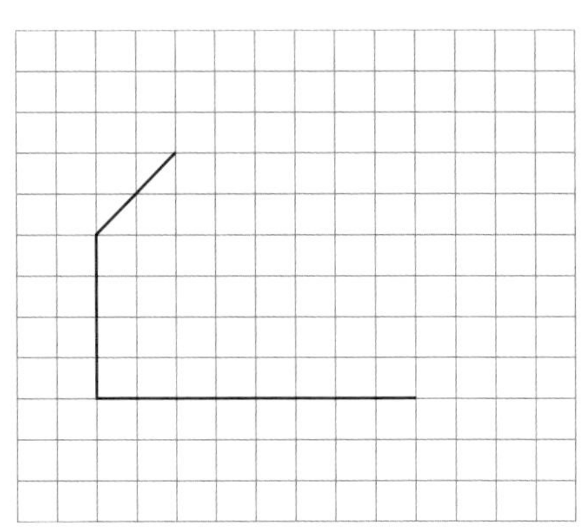

2 下の図の続きをかいて，直方体の展開図(てんかいず)を完成させましょう。

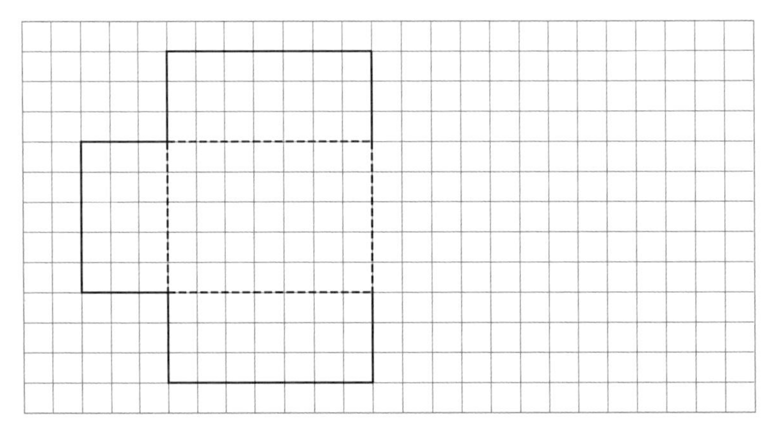

答えは79ページ ☞

LESSON 59

直方体と立方体 ③

月　日

正かい 7こ中　こ　合かく 6こ

1 次の展開図(てんかいず)を組み立てて直方体をつくります。

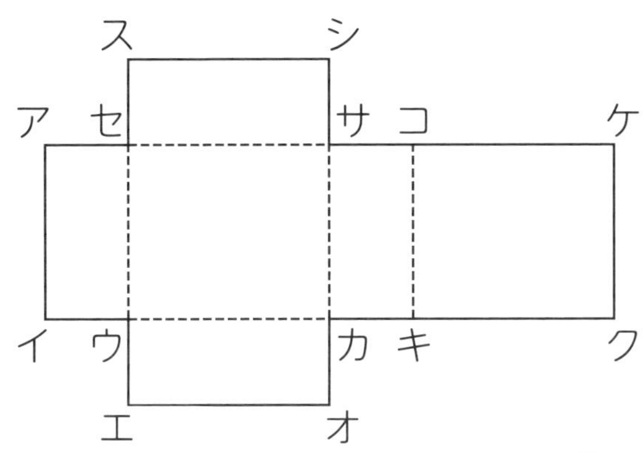

❶ 点オと重なる点を書きましょう。 [　　　]

❷ 点スと重なる点を全部書きましょう。 [　　　]

❸ 辺(へん)アイと重なる辺を書きましょう。 [　　　]

❹ 辺エオと重なる辺を書きましょう。 [　　　]

2 下の図で，組み立てたとき立方体ができるものには○，できないものには×をつけましょう。

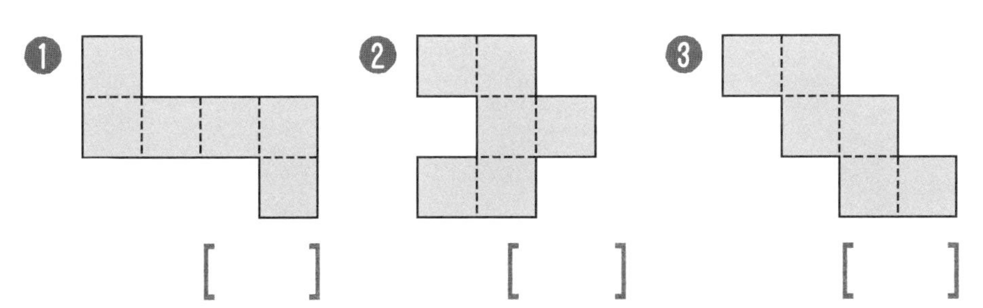

❶ [　　]　❷ [　　]　❸ [　　]

答えは79ページ ☞

LESSON 60 直方体と立方体 ④

1 右の見取図の直方体について答えましょう。

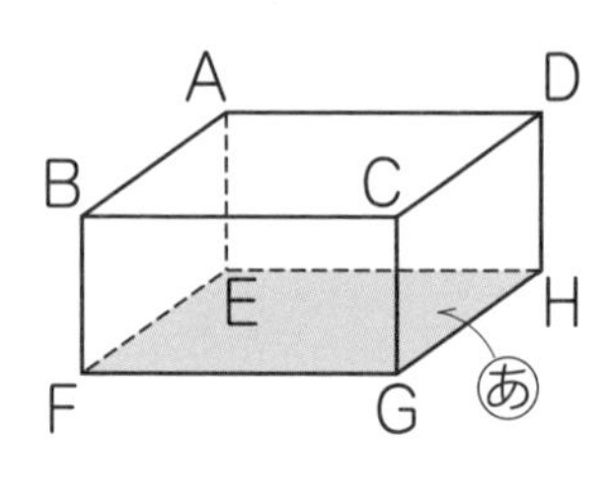

❶ 辺（へん）AB と平行な辺は何本ありますか。

[　　　　]

❷ 辺 BC と垂直（すいちょく）な辺を全部書きましょう。

[　　　　]

❸ ㋐の面と平行な辺は何本ありますか。

[　　　　]

❹ ㋐の面と垂直な辺を全部書きましょう。

[　　　　]

2 右の展開図（てんかいず）を組み立ててできる立方体について答えましょう。

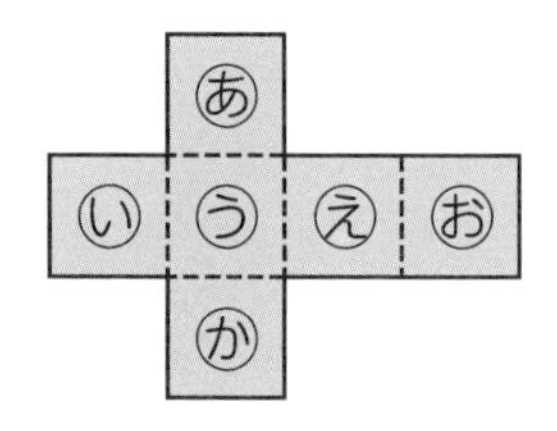

❶ ㋑の面と平行な面を書きましょう。

[　　　　]

❷ ㋒の面と垂直な面を全部書きましょう。

[　　　　]

答えは79ページ ☞

LESSON 61

位置（いち）の表し方 ①

月　日

正かい 5こ中 こ　合かく 4こ

1 右の図で，点 B の位置は，点 A をもとにして，（横 4cm，たて 2cm）と表すことができます。点 C，D，E の位置を，点 A をもとにして表しましょう。

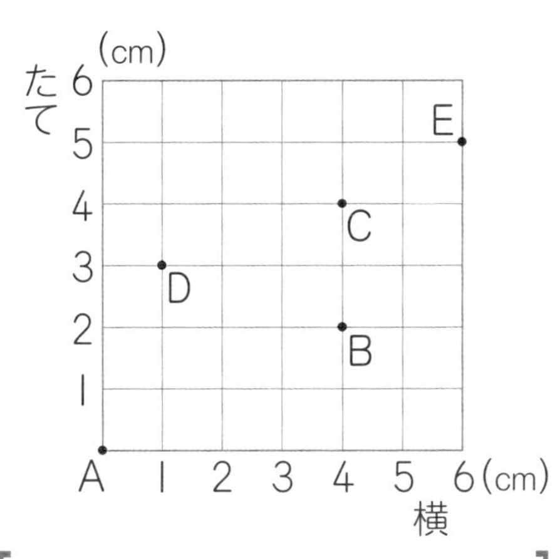

点 C [　　　　　　　　]

点 D [　　　　　　　　]

点 E [　　　　　　　　]

2 右の図で，交番の位置は，駅をもとにして，（東 100m，北 300m）と表すことができます。

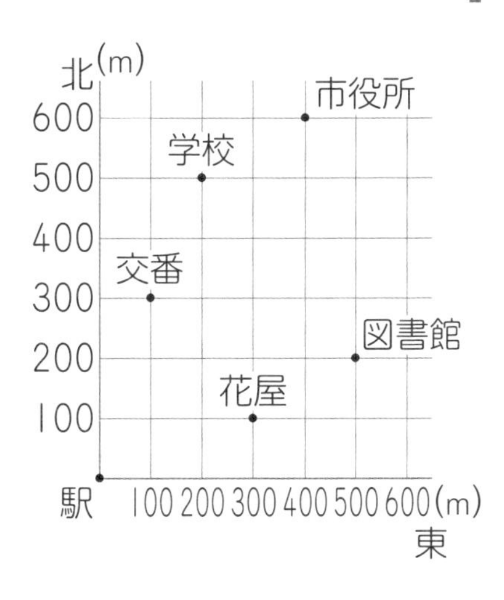

❶ 駅をもとにして，（東 500m，北 200m）の位置には何がありますか。

[　　　　　　　　]

❷ 市役所の位置を，駅をもとにして表しましょう。

[　　　　　　　　]

答えは79ページ ☞

LESSON 62

位置(いち)の表し方 ②

月　日

正かい 5こ中　こ　合かく 4こ

1 右の図で，点Bの位置は，点Aをもとにして，(横4，たて2，高さ3)と表すことができます。
点CとDの位置を，点Aをもとにして表しましょう。

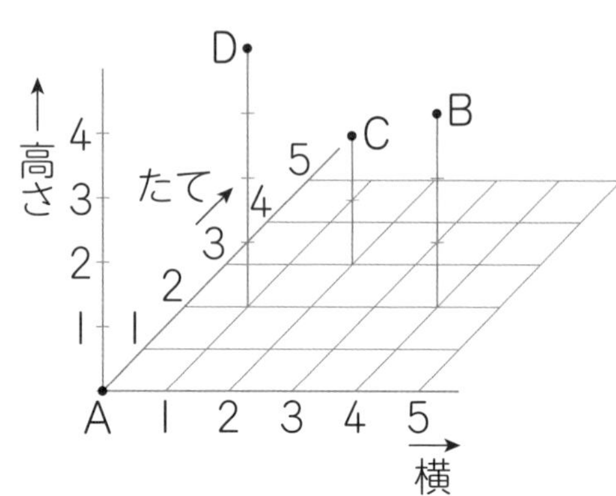

点C [　　　　　　　　]
点D [　　　　　　　　]

2 右の直方体で，頂点(ちょうてん)Bの位置は，頂点Eをもとにして，(横6cm，たて0cm，高さ4cm)と表すことができます。
頂点C，頂点D，頂点Gの位置を，頂点Eをもとにして表しましょう。

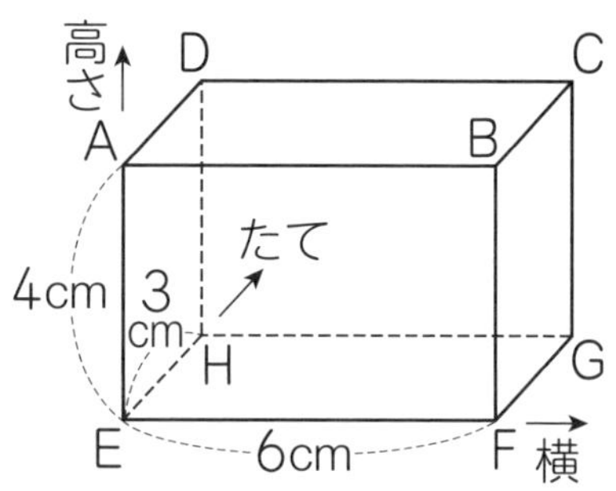

頂点C [　　　　　　　　]
頂点D [　　　　　　　　]
頂点G [　　　　　　　　]

答えは79ページ ☞

LESSON 63

まとめテスト ⑪

月　日

正かい 7こ中　こ　合かく 6こ

1 右の図の直方体について答えましょう。

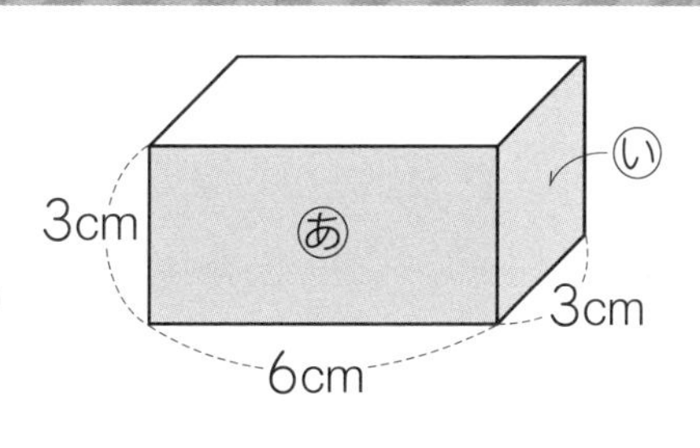

❶ あの面の形を書きましょう。

[　　　　　]

❷ いの面の形を書きましょう。

[　　　　　]

❸ あの面と形も大きさも同じ面は，ほかにいくつありますか。

[　　　　　]

❹ 全部の辺(へん)の長さをたすと，何cmになりますか。

[　　　　　]

2 右の展開図(てんかいず)を組み立てました。

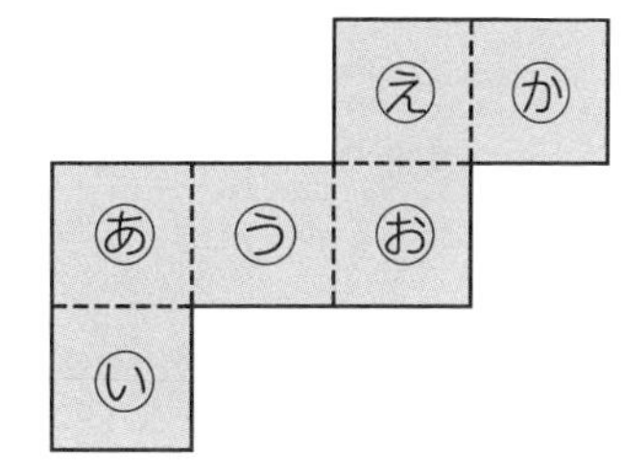

❶ あの面と平行になる面はどの面ですか。

[　　　　　]

❷ いの面と平行になる面はどの面ですか。

[　　　　　]

❸ うの面と垂直(すいちょく)になる面を全部書きましょう。

[　　　　　]

答えは79ページ

LESSON 64

まとめテスト ⑫

月　日

正かい 7こ中　こ　合かく 6こ

1 右の図の直方体について，次の辺(へん)や面の関係(かんけい)が平行のときは○，垂直(すいちょく)のときは△を書きましょう。

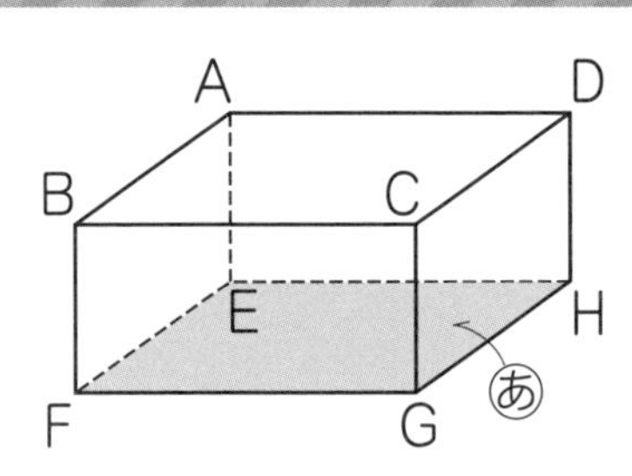

❶ 辺ABと辺AD [　　]　❷ 辺EFと辺DC [　　]

❸ あの面と辺BC [　　]　❹ あの面と辺AB [　　]

2 右の図で，点アをもとにしてほかの点の位置(いち)を表します。

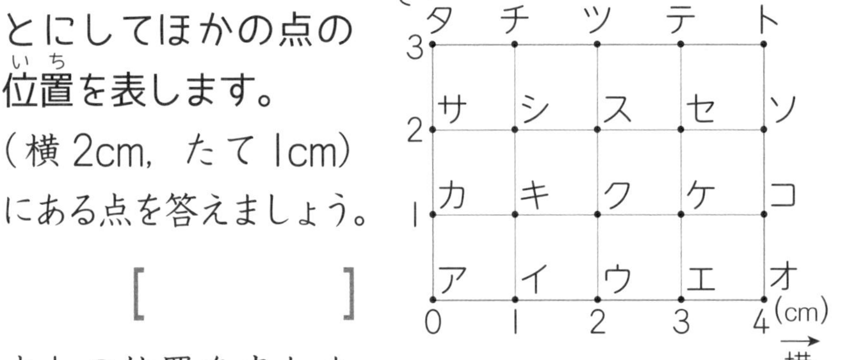

❶ (横2cm，たて1cm)にある点を答えましょう。

[　　]

❷ 点トの位置を表しましょう。

[　　]

❸ 点サの位置を表しましょう。

[　　]

答えは80ページ ☞

LESSON 65

図を使って考える問題 ①

月　日

正かい 4こ中　こ　合かく 3こ

1 50m のロープを 2 本に切ります。長い方は短い方より 14m 長くなるようにします。

❶ 2 本のロープの長さを線で表しました。□にあてはまる数を書きましょう。

長い方

短い方　□ m

❷ 短い方の長さを求(もと)める式をつくりました。□にあてはまる数を書きましょう。

(50−□)÷□＝□

❸ 2 本のロープの長さをそれぞれ求めましょう。

短い方 [　　　]　長い方 [　　　]

2 バスと電車に合わせて 1 時間 15 分乗りました。バスに乗っていた時間は，電車に乗っていた時間より 21 分短かったそうです。バスに乗っていたのは何分ですか。

バス

電車

(式)

[　　　]

答えは80ページ

LESSON 66

図を使って考える問題 ②

月　日

正かい 3こ中　こ ／ 合かく 2こ

1 3つのびんㇸあ，ㇸい，ㇸうに水が合わせて73dL入っています。ㇸあはㇸいより6dL，ㇸうより11dL多いそうです。

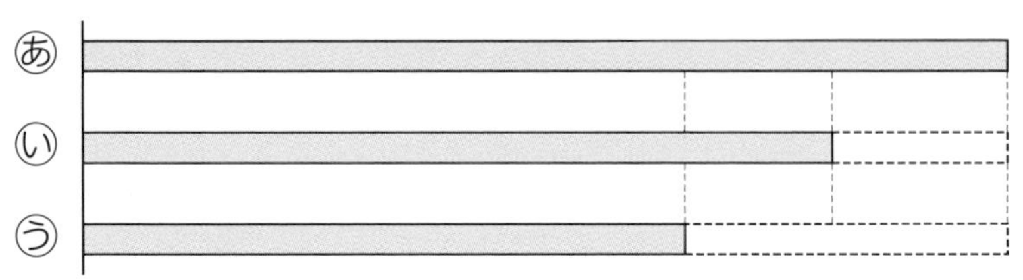

❶ ㇸあの水の量(りょう)を求(もと)める式をつくりました。□にあてはまる数を書きましょう。

(73+□+□)÷□=□

❷ ㇸあ，ㇸい，ㇸうの水の量をそれぞれ求めましょう。

2 公園の池に，ふなと，こいと，かめが合わせて47ひきいます。ふなはこいより7ひき多く，こいはかめより5ひき多いそうです。かめは何びきいますか。

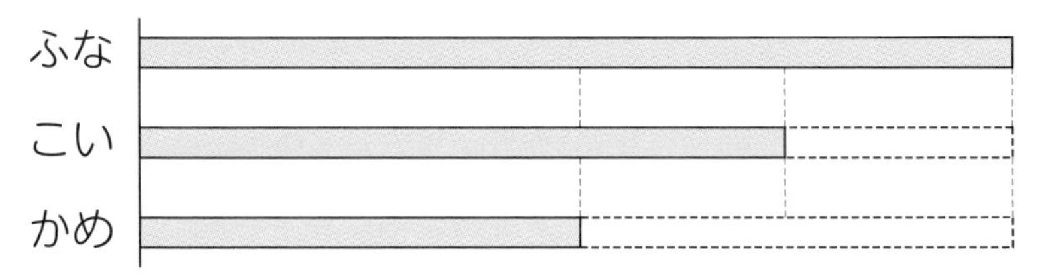

[　　　]

LESSON 67

図を使って考える問題 ③

月　日

正かい 3こ中　　こ／合かく 2こ

1 ケーキとジュースを買って 360 円はらいました。ケーキのねだんはジュースの 3 倍です。ジュースのねだんはいくらですか。

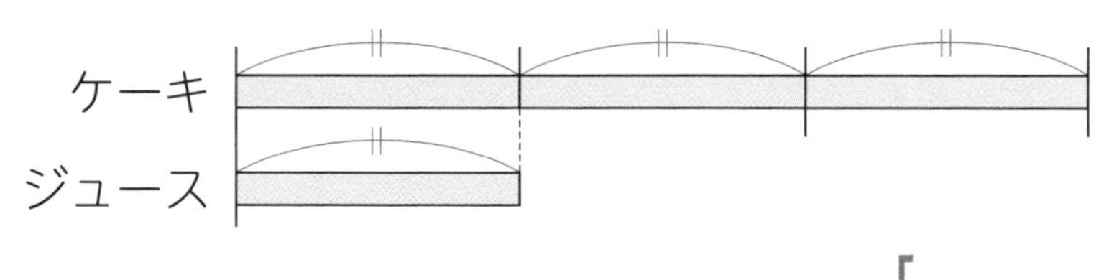

[　　　　]

2 そうたさんとたくやさんが空きかんを集めました。たくやさんが集めた数はそうたさんの 4 倍で，集めた数のちがいは 24 こでした。そうたさんは何こ集めましたか。

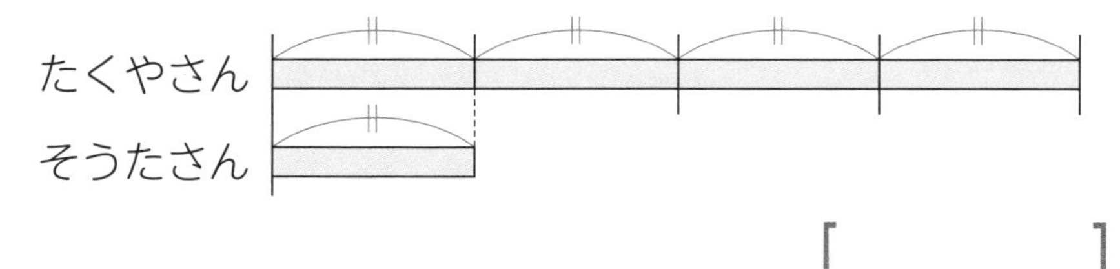

[　　　　]

3 本 1 さつの重さはノート 1 さつの 4 倍で，本 1 さつとノート 2 さつを合わせた重さは 300g です。ノート 1 さつの重さは何 g ですか。

[　　　　]

答えは80ページ ☞

LESSON 68

図を使って考える問題 ④

月　日

正かい 3こ中　こ　合かく 2こ

1 120 ページの本を読みます。土曜日に金曜日の 3 倍のページ数を読み，日曜日には土曜日の 2 倍を読んで，全部読み終わりました。金曜日に何ページ読みましたか。

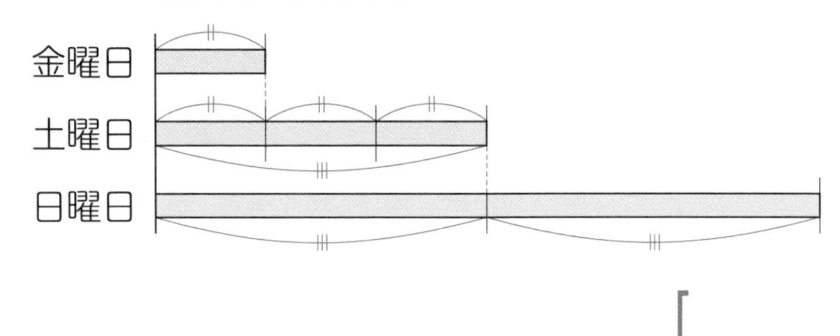

[　　　　]

2 ノート 1 さつとえん筆 3 本を買うと 210 円で，ノート 1 さつとえん筆 5 本を買うと 290 円です。

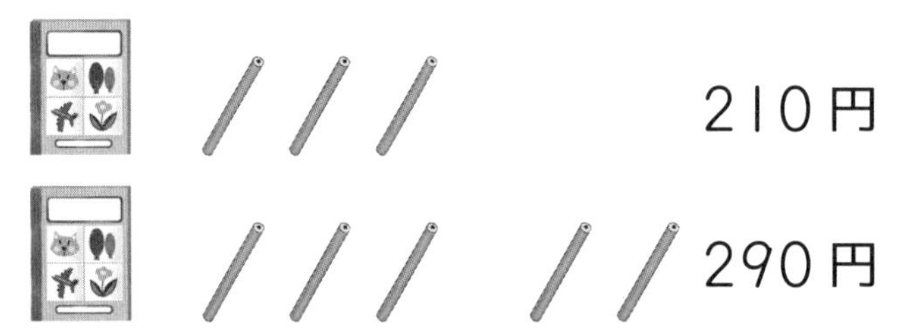

❶ えん筆 2 本のねだんはいくらですか。

[　　　　]

❷ ノート 1 さつのねだんはいくらですか。

[　　　　]

答えは80ページ ☞

LESSON 69

まとめテスト ⑬

月　日

正かい 3こ中　こ　合かく 2こ

1 80cm のリボンを 2 本に切ると，長い方は短い方より 20cm 長くなりました。短い方のリボンの長さは何 cm ですか。

[　　　　]

2 60 このおはじきを，なおさんとゆみさんで分けます。ゆみさんがなおさんより 12 こ多くなるように分けると，ゆみさんがもらうおはじきは何こですか。

[　　　　]

3 たまねぎとじゃがいもとにんじんを 1 つずつ買うと，全部で 280 円でした。たまねぎのねだんは，じゃがいもより 30 円高く，にんじんより 10 円安いそうです。たまねぎとじゃがいもとにんじんのねだんをそれぞれ求(もと)めましょう。

たまねぎ [　　　　]　じゃがいも [　　　　]

にんじん [　　　　]

答えは80ページ ☞

LESSON 70

まとめテスト ⑭

月　日

正かい 3こ中　こ / 合かく 2こ

1 赤い色紙と青い色紙が合わせて 80 まいあります。赤い色紙のまい数は，青い色紙のまい数の 4 倍です。青い色紙は何まいありますか。

[　　　　]

2 ボールペン 1 本のねだんは，えん筆 1 本のねだんの 3 倍です。また，ボールペン 1 本のねだんとえん筆 1 本のねだんのちがいは 50 円です。ボールペン 1 本のねだんは何円ですか。

[　　　　]

3 りんご 2 ことみかん 6 こを買うと 340 円で，りんご 2 ことみかん 3 こを買うと 250 円です。りんごとみかん 1 このねだんはそれぞれいくらですか。

りんご [　　　　]　みかん [　　　　]

答えは80ページ ☞

答え
文章題・図形4年

① 大きい数 ①　1ページ

1 ❶4，9　❷52，300
2 547000000
3 2530172000000

② 大きい数 ②　2ページ

1 ❶200万　❷50億
❸4兆7000億
2 300万
3 975310

③ 大きい数 ③　3ページ

1 252億人
2 8兆5000億円
3 3億8000万円

≫考え方 7月の売り上げは1億5000万円ふえて5億3000万円になったので，
6月は5億3000万−1億5000万
=3億8000万(円)

④ 大きい数 ④　4ページ

1 48375本
2 208384こ
3 136800000

⑤ わり算の筆算 ①　5ページ

1 20こ
2 200まい
3 40人
4 50束

⑥ わり算の筆算 ②　6ページ

1 19人
2 28人
3 15L
4 8本できて，3cmあまる。

⑦ わり算の筆算 ③　7ページ

1 278人
2 209まい
3 72こ
4 62本できて，4cmあまる。

⑧ わり算の筆算 ④　8ページ

1 4束
2 6日
3 30さつ
4 20列できて，28きゃくあまる。

≫考え方 748÷36=20あまり28
筆算で十の位の商は2，一の位には商がたたないので0を書きます。

⑨ 計算のきまり ①　9ページ

1 （式）500−(270+150)=80
80円
2 （式）(72+128)×32=6400
6400円
3 （式）(500−80)÷30=14
14ふくろ

⑩ 計算のきまり ② 10ページ

1 （式）(12+3)×4=60　60こ

2 （式）85+36+64=185

185円

考え方 あとの 36+64=100 に目をつけると計算がかんたんになります。

3 （式）25×18×4=1800

1800こ

考え方 かけ算だけの計算では，数をかける順番（じゅんばん）を入れかえることができます。
25×4=100 の結果（けっか）を使って，
25×18×4=25×4×18=100×18

4 1188まい

考え方 99をかける計算を，100をかけて1回分ひくと考えます。
12×99=12×(100−1)
=12×100−12×1=1200−12

⑪ まとめテスト ① 11ページ

1 三十兆（ちょう）四千十億六百万

2 3億700万

3 1兆4300億円

4 55120円

5 7億9800万

考え方 190×420=79800
1万が79800こ集まった数と考えます。
1万が1万こ集まった数は1億なので，7億9800万です。

⑫ まとめテスト ② 12ページ

1 7日

考え方 50÷8=6あまり2
8ページずつ6日すると，あと2ページ残るから，もう1日かかります。

2 12日

3 （式）250−35×6=40

40さつ

4 （式）(180+320)×3=1500

1500円

考え方 子どもと大人がどちらも3人なので，子ども1人と大人1人の入園料を先にたしてから3をかけると計算がかんたんになります。

⑬ 角の大きさ ① 13ページ

1 ❶90°　❷2，4

❸180°，360°

2 3直角，270°

⑭ 角の大きさ ② 14ページ

1 イ

2 ❶70°　❷52°　❸140°

⑮ 角の大きさ ③ 15ページ

1 ❶145°　❷255°

2 ❶

70°

❷

125°

3 問題と同じ図をかきます。

考え方 まず5cmの辺（へん）をじょうぎを使ってひきます。左の頂点（ちょうてん）に分度器（ぶんどき）の中心を当てて38°の角の直線をかき，右の頂点に50°の角の直線をかいて三角形をつくります。

⑯ 角の大きさ ④　16ページ

1 ❶ 220°　❷ 305°

2 ㋐ 30°　㋑ 60°

㋒ 90°　㋓ 45°

3 ㋐ 105°　㋑ 135°

㋒ 45°　㋓ 15°

⑰ 垂直と平行 ①　17ページ

1 ❶オ　❷ア　❸カ

❹ア，ウ　❺エ，カ

2 ㋐ 70°　㋑ 110°

㋒ 70°　㋓ 60°

⑱ 垂直と平行 ②　18ページ

1 ㋐に○

2 ❶

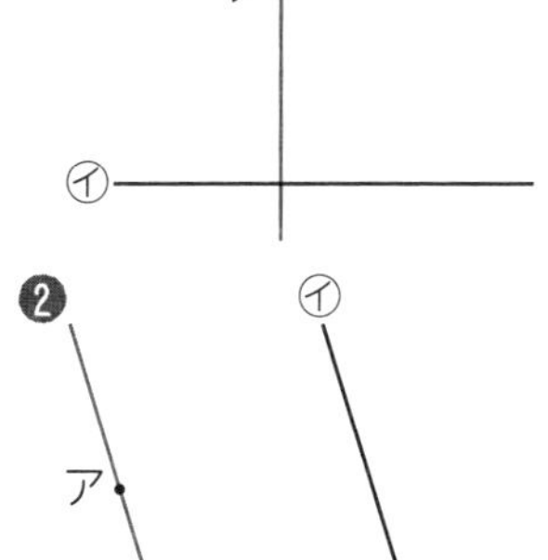

考え方 ❶**1**の㋐のように１組の三角じょうぎを使ってかきます。

❷「平行な直線は，ほかの直線と等しい角度で交わる」ので，1組の三角じょうぎを使って平行な直線をかくことができます。くわしいかき方は教科書などでかくにんしましょう。

3 問題と同じ図をかきます。

考え方 点ウを通る直線に垂直で点アを通る直線をひいて，頂点イを決めます。次に点アを通って直線イウに平行な直線をひきます。直線アイに平行で点ウを通る直線をひいて頂点エを決めます。ほかのかき方もあります。

⑲ 四角形 ①　19ページ

1 ❶台形　❷平行四辺形

❸ひし形

2 ❶ 75°　❷ 3cm

⑳ 四角形 ②　20ページ

1 ❶ 50°　❷ 4cm　❸辺ＡＤ

2 問題と同じ図をかきます。

考え方 4cm の辺をじょうぎを使ってひき，左の頂点に 70° の角をつくる直線をひいて，2.5cm の位置を左上の頂点とします。左上の頂点から 4cm の長さのところにコンパスでしるしをつけます。右下の頂点から 2.5cm の長さのところにしるしをつけます。しるしが交わった点を右上の頂点とします。

3

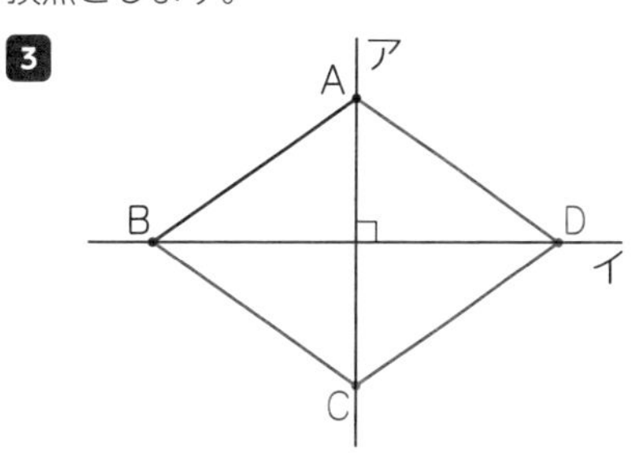

考え方 コンパスの開きを辺ＡＢの長さにあわせ，点Ｂを中心とする円をかいて，直線イの下側で直線アと交わる点をＣとします。コンパスの開きを変えずに点Ａを中心とする円をかいて，直線アの右側で直線イと交わる点をＤとします。ＢとＣ，ＡとＤ，ＣとＤを直線で結んでひし形を完成させます。

㉑ 四角形 ③ 21ページ

1 ❶ア，イ，ウ，オ ❷エ
❸イ，オ ❹ア，ウ
❺ア，イ ❻ウ，オ
❼ウ，オ ❽ア，ウ
❾ア，イ，ウ，オ

㉒ 四角形 ④ 22ページ

1 ❶イ ❷ア ❸ウ ❹オ

㉓ まとめテスト ③ 23ページ

1

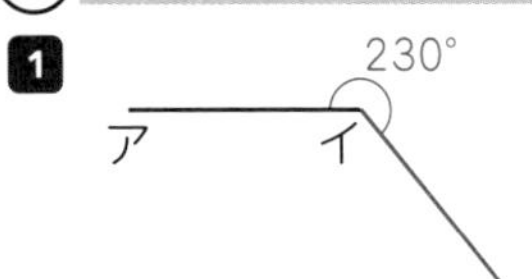

2 ❶㋐ 130° ㋑ 50°
❷㋒ 75° ㋓ 270°

3 問題と同じ図をかきます。

考え方 じょうぎで長さ5cmの辺(へん)をかき，1組の三角じょうぎを使って，かいた辺と垂直(すいちょく)な直線を辺の左はしを通るようにひきます。交わったところが左下の頂点です。そこから上に3cmのところが左上の頂点になります。

㉔ まとめテスト ④ 24ページ

1 直線ウ，直線カ

2 ❶台形
❷平行四辺形，
長方形，ひし形，正方形
（長方形，ひし形，正方形は順番(じゅんばん)が入れかわっていても正かいです。）
❸ひし形，正方形

㉕ 折れ線グラフ ① 25ページ

1 ❶時こく（時間） ❷1度
❸12度 ❹午後2時
❺午前10時と午後6時

㉖ 折れ線グラフ ② 26ページ

1 ❶～❺下の図

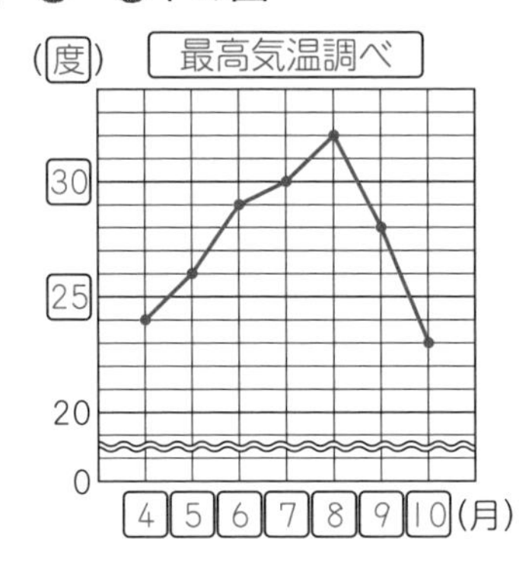

㉗ 折れ線グラフ ③ 27ページ

1 ㋒

2 ❶3月と4月の間 ❷名古屋

考え方 ❷グラフより，2月から8月の気温の上がり方が大きい方を選びます。那覇は12度，名古屋は23度です。

㉘ 整理のしかた ① 28ページ

1 ❶❷下の表

形＼色	黒		白		合計(こ)
三角	下	3	正	4	7
四角	正	5	下	3	8
丸	丁	2	正一	6	8
合計(こ)	10		13		23

考え方 正の字を使って図形を数えるときは，正の字の1画（横線やたて線）をかくごとに数えた図形にしるし（しゃ線／）をつけて，数えまちがいのないようにします。

㉙ 整理のしかた ② 　29ページ

1 ❶ 18人

❷ 32人

❸ 17人

❹ 4人

❺

おかし＼飲み物	ジュース	お茶	合計(人)
ビスケット	11	4	15
せんべい	7	10	17
合計(人)	18	14	32

≫考え方 たて，横の合計がわかるところから表に合計の数を書き入れます。一方の数がわかっているところは，合計からひいて残り(のこ)の数を求(もと)めます。

㉚ 変わり方 ① 　30ページ

1 ❶ 8cm

❷ 2cm

2 ❶

正三角形の数（こ）	1	2	3	4	5	6
まわりの長さ(cm)	3	4	5	6	7	8

❷○+2=□

(□−2=○，□−○=2でも正かいです。)

㉛ 変わり方 ② 　31ページ

1 ❶ 8cm

❷ 12cm

❸ 4cm

❹

だんの数（だん）	1	2	3	4	5	6
まわりの長さ(cm)	4	8	12	16	20	24

❺○×4=□

㉜ 変わり方 ③ 　32ページ

1 ❶

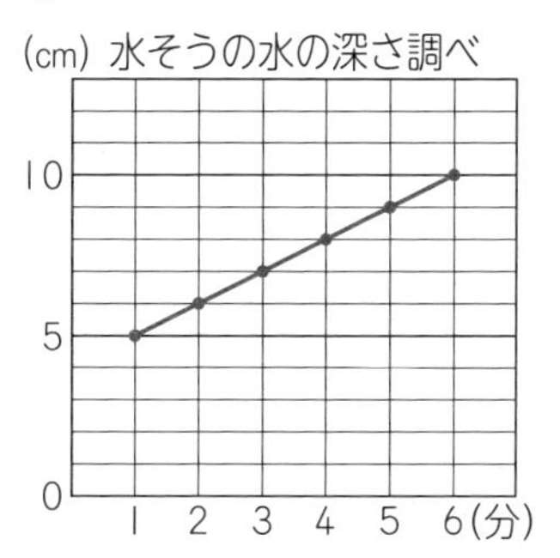

❷ 12cm　❸ 4cm

❹○+4=□

(□−4=○，□−○=4でも正かいです。)

㉝ まとめテスト ⑤ 　33ページ

1 ❶㋓　❷㋑　❸㋐，㋔

2 ❶ 3人

❷

		犬 かっている	犬 かっていない	合計(人)
ねこ	かっている	3	21	24
ねこ	かっていない	17	33	50
合計（人）		20	54	74

㉞ まとめテスト ⑥ 　34ページ

1 ❶ 9cm　❷ 4cm

❸

たての長さ(cm)	1	2	3	4	5	6	7	8	9
横の長さ(cm)	9	8	7	6	5	4	3	2	1

❹ 1cm短くなる。

❺○+□=10

(10−○=□，10−□=○でも正かいです。)

㉟ およその数 ① 35ページ

1 一万の位まで…270000
千の位まで…275000

2 上から１けた…7000
上から２けた…6800

3 ❶7250，7349
❷3750
❸75，85

»考え方 ❸85は四捨五入すると90になります。「85未満」の数には85は入りません。

㊱ およその数 ② 36ページ

1 ❶(式) 25万+32万=57万
およそ57万人
❷(式) 31万7千−25万3千
=6万4千
およそ6万4千人

2 (式) 70×300=21000
およそ21000円

㊲ 小　数 37ページ

1 3.74

2 648こ

3 ❶<　❷>

4 10倍した数…42.5
100倍した数…425

5 $\frac{1}{10}$にした数…5.07
$\frac{1}{100}$にした数…0.507

㊳ 小数のたし算・ひき算 ① 38ページ

1 4.82kg

2 5.63m

3 0.75L

4 17.64m

㊴ 小数のたし算・ひき算 ② 39ページ

1 7.65kg

2 0.84km

3 35.18L

»考え方 式は27.38−24.7+32.5です。左から順(じゅん)に計算します。

㊵ 小数のかけ算 40ページ

1 1.8kg

2 2.66kg

3 4.2L

4 45m

㊶ 小数のわり算 ① 41ページ

1 0.2L

2 0.7m

3 0.5kg

4 0.05L

㊷ 小数のわり算 ② 42ページ

1 1.9kg

2 3.9m

3 0.03kg

»考え方 0.96÷32を筆算で計算します。小数第２位ではじめて商３がたってわり切れます。

4 3.7km

㊸ 小数のわり算 ③　43ページ

1 8本とれて1.4mあまる。

2 0.25kg

考え方 1÷4=0.25
1000÷4=250(g)の考えを使って求めることもできます。

3 0.95L

4 3.05kg

考え方 わり切れるまで計算します。

㊹ 小数のわり算 ④　44ページ

1 およそ7.9kg

2 およそ5.2cm

3 1.5倍

考え方 1.5倍とは「今日の120こは昨日の80こを1として1.5にあたる」という意味です。わられる数とわる数を正しくつかみましょう。

㊺ まとめテスト ⑦　45ページ

1 ❶56100　❷2700

2 30499

考え方 百の位の数を四捨五入して30000になる数のはんいを考えます。

3 0.1, 0.001

4 1.92kg

㊻ まとめテスト ⑧　46ページ

1 16.5kg

2 0.03L

3 8こできて, 1.7kgあまる。

4 0.8倍

考え方 40÷50=0.8

㊼ 分　数 ①　47ページ

1 ❶ウ　❷ア　❸イ

2 ㋐ $\frac{1}{6}$　㋑ $1\frac{4}{6}$

㋒ $\frac{5}{8}$　㋓ $1\frac{7}{8}$

3

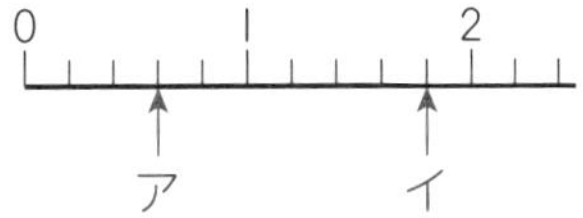

㊽ 分　数 ②　48ページ

1 ❶ $1\frac{1}{3}$　❷ $\frac{17}{6}$　❸ 3

2 $\frac{1}{3}$に等しい分数… $\frac{2}{6}$

$\frac{2}{4}$に等しい分数… $\frac{3}{6}$, $\frac{4}{8}$

3 ❶ <　❷ >　❸ <　❹ <

考え方 分母が等しい真分数は分子の数が大きい方が大きい数で, 分子が等しい真分数は分母の数が小さい方が大きい数になります。
❸, ❹は仮分数を帯分数になおしてからくらべます。

㊾ 分数のたし算・ひき算 ①　49ページ

1 $\frac{5}{9}$ L

2 $\frac{2}{15}$ kg

3 $6\frac{3}{5}$ m

4 10分

㊿ 分数のたし算・ひき算 ② 50ページ

1 $4\frac{2}{7}$m

2 $4\frac{7}{9}$kg

3 $1\frac{7}{10}$dL

4 $9\frac{1}{8}$L

»考え方 式は $7\frac{3}{8}-\frac{23}{8}+4\frac{5}{8}$

先にたし算をすると，

$\left(7\frac{3}{8}+4\frac{5}{8}\right)-\frac{23}{8}$

$=12-2\frac{7}{8}=9\frac{1}{8}$(L)

51 面　積 ① 51ページ

1 18cm²

2 ❶60cm²　❷64cm²

3 12cm

4 81cm²

»考え方 まわりの長さを 4 でわると，正方形の 1 辺(へん)の長さが求められます。

52 面　積 ② 52ページ

1 1，100，10000，10000

2 ❶5　❷200000

3 ❶30000cm²　❷3m²

53 面　積 ③ 53ページ

1 ❶100cm²　❷92cm²

❸94cm²　❹130cm²

»考え方 面積がわかる長方形に分けて考えたり，また，大きな長方形からへこんだ部分をひいたりして考えます。

54 面　積 ④ 54ページ

1 ❶100，a

❷10000，ha

❸km²

2 ❶8　❷9

3 ❶㋒　❷㋐　❸㋓　❹㋑

55 まとめテスト ⑨ 55ページ

1 ❶2つ　❷㋑

»考え方 帯分数(たいぶんすう)になおして考えます。

❷㋑ $1\frac{5}{8}$　㋒ $1\frac{5}{7}$　㋔ $1\frac{6}{7}$

㋑と㋒は分母の数を，㋒と㋔は分子の数をそれぞれくらべて，㋑<㋒<㋔の順(じゅん)になります。

2 $4\frac{8}{9}$時間

3 $6\frac{11}{12}$m

56 まとめテスト ⑩ 56ページ

1 144cm²

2 8m

3 ❶55cm²　❷8ha

4 60m

»考え方 a，ha の単位の面積の計算では，1 辺の長さが 10 mや 100 mの正方形をしきつめるようすを考えると計算がかんたんになることがあります。

57 直方体と立方体 ① 57ページ

1 ❶正方形，直方体，横，高さ

❷立方体，1

2 ㋐6　㋑12　㋒8
㋓6　㋔12　㋕8

3 ア…5cm，イ…6cm，ウ…4cm

㊳ 直方体と立方体 ②　58ページ

1 ❶

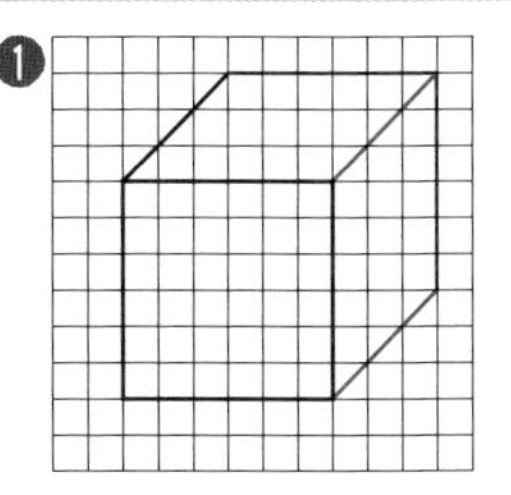

❷

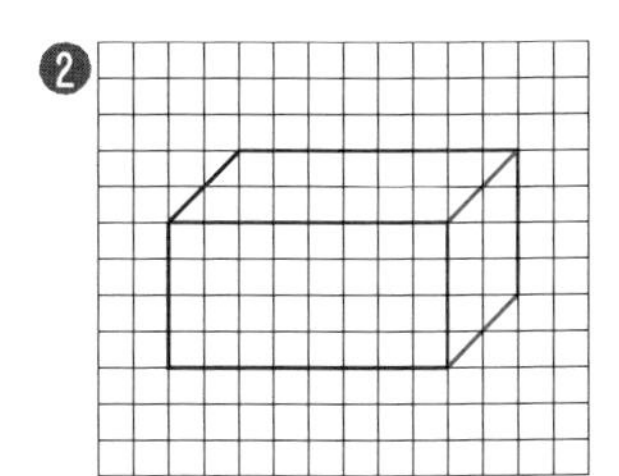

2

㊴ 直方体と立方体 ③　59ページ

1 ❶点キ　❷点ア，点ケ
❸辺ケク　❹辺クキ

》考え方 辺イウと辺エウのように，直角をつくる２つの辺は組み立てたときに重なります。

2 ❶○　❷×　❸○

㊵ 直方体と立方体 ④　60ページ

1 ❶３本
❷辺AB，辺BF，辺DC，辺CG
❸４本
❹辺AE，辺BF，辺CG，辺DH

2 ❶㋓の面
❷㋐の面，㋑の面，㋓の面，㋕の面

》考え方 直方体や立方体の面について，ある面㋐の向かいの面は面㋐と平行で，そのほかの面はすべて面㋐と垂直になります。

㊶ 位置の表し方 ①　61ページ

1 点C…(横4cm，たて4cm)
点D…(横1cm，たて3cm)
点E…(横6cm，たて5cm)

2 ❶図書館
❷（東400m，北600m）

㊷ 位置の表し方 ②　62ページ

1 点C…(横2，たて3，高さ2)
点D…(横1，たて2，高さ4)

2 頂点C…(横6cm，たて3cm，高さ4cm)
頂点D…(横0cm，たて3cm，高さ4cm)
頂点G…(横6cm，たて3cm，高さ0cm)

㊸ まとめテスト ⑪　63ページ

1 ❶長方形　❷正方形
❸３つ　❹48cm

2 ❶㋔の面　❷㋓の面
❸㋐の面，㋑の面，㋓の面，㋔の面

64 まとめテスト ⑫　64ページ

1 ❶△　❷○　❸○　❹○

2 ❶点ク

❷（横 4cm，たて 3cm）

❸（横 0cm，たて 2cm）

65 図を使って考える問題 ①　65ページ

1 ❶ 14

❷ 14，2，18

❸ 短い方…18m

長い方…32m

2 （式）(75−21)÷2＝27

27 分

≫考え方 バスと電車を合わせた時間から 21 分をひくと，バスに乗っていた時間の 2 倍になることに目をつけて，わり算でバスに乗っていた時間を求めます。

66 図を使って考える問題 ②　66ページ

1 ❶ 6，11，3，30

（6 と 11 は順番(じゅんばん)が入れかわっても正かいです。）

❷ あ 30dL　い 24dL

う 19dL

2 10 ぴき

≫考え方 「こい」の線の右側(がわ)の点線が表す数は 7，「かめ」の線の右側の点線は，5 と 7 の合計を表しています。

67 図を使って考える問題 ③　67ページ

1 90 円

≫考え方 ケーキはジュース 3 本と同じねだんです。ケーキとジュースを合わせたねだんは，ジュース 4 本のねだんと同じです。

2 8 こ

≫考え方 たくやさんの線の右側(がわ)の 3 目もり分が数のちがいの 24 こを表しています。

3 50g

68 図を使って考える問題 ④　68ページ

1 12 ページ

≫考え方 金曜日に読んだページ数と同じ長さの線が，金曜日，土曜日，日曜日を全部合わせて 10 こあるので，120 ページを 10 でわると金曜日に読んだページ数になります。

2 ❶ 80 円　❷ 90 円

69 まとめテスト ⑬　69ページ

1 30cm

2 36 こ

3 たまねぎ…100 円

じゃがいも…70 円

にんじん…110 円

70 まとめテスト ⑭　70ページ

1 16 まい

2 75 円

3 りんご…80 円

みかん…30 円